KAIGUAN LEI SHEBEI TONGYONG
JIANXIU SHIYONGHUA JISHU

变电检修通用管理规定实用化技术丛书

开关类设备通用检修实用化技术

丛书主编　段　军　吕朝晖

丛书副主编　赵寿生　陈文通　王韩英

中国水利水电出版社
www.waterpub.com.cn
·北京·

内 容 提 要

本书是《变电检修通用管理规定实用化技术丛书》之一，由一线技术专家结合现场工作实际编写完成，兼顾理论和案例，对开关类设备通用管理规定作了实用化解读，有助于读者对管理规定的吸收和理解。本书主要包括开关类设备的专业巡视点、检修工艺要求、常见问题以及典型案例内容等。

本书适合从事变电设备相关工作的人员使用，也可作为变电设备运维管理、检修试验、设计施工等相关人员的专业参考书和培训教材。

图书在版编目（ＣＩＰ）数据

开关类设备通用检修实用化技术 / 段军，吕朝晖主编. -- 北京 : 中国水利水电出版社，2019.9
（变电检修通用管理规定实用化技术丛书）
ISBN 978-7-5170-8038-1

Ⅰ. ①开… Ⅱ. ①段… ②吕… Ⅲ. ①开关电源—检修 Ⅳ. ①TN86

中国版本图书馆CIP数据核字（2019）第209406号

书　　名	变电检修通用管理规定实用化技术丛书 **开关类设备通用检修实用化技术** KAIGUAN LEI SHEBEI TONGYONG JIANXIU SHIYONGHUA JISHU	
作　　者	丛书主编　段　军　吕朝晖 丛书副主编　赵寿生　陈文通　王韩英	
出版发行	中国水利水电出版社 （北京市海淀区玉渊潭南路 1 号 D 座　100038） 网址：www.waterpub.com.cn E-mail：sales@waterpub.com.cn 电话：（010）68367658（营销中心）	
经　　售	北京科水图书销售中心（零售） 电话：（010）88383994、63202643、68545874 全国各地新华书店和相关出版物销售网点	
排　　版	中国水利水电出版社微机排版中心	
印　　刷	北京印匠彩色印刷有限公司	
规　　格	184mm×260mm　16 开本　12.25 印张　298 千字	
版　　次	2019 年 9 月第 1 版　2019 年 9 月第 1 次印刷	
印　　数	0001—4000 册	
定　　价	**86.00 元**	

丛书编委会

丛书主编　段　军　吕朝晖

丛书副主编　赵寿生　陈文通　王韩英

丛书委员　赵元捷　程拥军　施首键　陈文胜　程　军
　　　　　　陈　炜　李一鸣　胡建平　王翊之　盛　骏
　　　　　　周　彪　邱子平　王瑞平　朱　虹　杜文佳
　　　　　　王　强

本 书 编 委 会

前　言

国家电网有限公司（以下简称"国网公司"）运检部根据多年来的管理经验，以变电设备全寿命管理为主线，从变电验收、变电运维、变电检测、变电评价和变电检修5个寿命环节，结合各单位、各部门的先进工作经验，建立了一套统一变电验收、运维、检测、评价、检修管理体系。国网公司五项通用制度检修分册包括26册实施细则，对现行各项管理规定进行提炼、整合、优化和标准化，分别为26类变电设备的检修制定了指导性实施细则，内容包括检修分类及要求、专业巡视要点、检修关键工艺质量控制要求，对检修现场具有指导性意义。为切实提高电网检修人员技术技能水平，确保变电检修工作规范、扎实、有效地开展，特编写本书。

《变电检修通用管理规定实用化技术丛书》以国网公司变电检修26册实施细则为基础，将变电设备按检修习惯分为三变类、开关类等类型，根据各类设备的特点，详细论述检修实际操作方法，提出切实可行的检修措施。结合目前变电检修工作的实际情况编写而成，以现场实际案例为依托，通过介绍变电设备在运行过程当中常见缺陷和故障的分析与处理，更具象地将变电检修通用制度的内容与现场实际有机结合，旨在帮助员工快速准确判断、查找、消除设备故障，提升员工现场作业、分析问题和解决问题的能力，规范现场作业标准化流程。

本书在编写过程中得到许多领导和同事的支持和帮助，同时也参考了相关专业书籍，使内容有了较大改进，在此表示衷心感谢。

由于作者水平所限，书中难免有不妥或疏漏之处，敬请专家和读者批评指正。

作者
2019 年 6 月

目录

前言

第1章 开关类设备

1.1 断路器 ………………………………………………………………………………… 1

1.2 GIS ……………………………………………………………………………………… 7

1.3 隔离开关 ……………………………………………………………………………… 9

1.4 开关柜 ………………………………………………………………………………… 13

1.5 站用交直流电源系统 ………………………………………………………………… 16

1.6 其他辅助设备 ………………………………………………………………………… 18

第2章 断路器检修

2.1 专业巡视要点 ………………………………………………………………………… 23

2.2 检修关键工艺质量控制要求 ………………………………………………………… 25

2.3 常见问题及整改措施 ………………………………………………………………… 53

2.4 典型故障案例 ………………………………………………………………………… 60

第3章 GIS检修

3.1 专业巡视要点 ………………………………………………………………………… 70

3.2 检修关键工艺质量控制要求 ………………………………………………………… 73

3.3 常见问题及整改措施 ………………………………………………………………… 83

3.4 典型故障案例 ………………………………………………………………………… 91

第4章 隔离开关检修

4.1 专业巡视要点 ………………………………………………………………………… 96

4.2 检修关键工艺质量控制要求 ………………………………………………………… 97

4.3 常见问题及整改措施 ………………………………………………………………… 103

4.4 典型故障案例 ………………………………………………………………………… 113

第 5 章 开关柜检修

5.1 专业巡视要点 ……………………………………………… 124
5.2 检修关键工艺质量控制要求 ……………………………… 127
5.3 常见问题及整改措施 ……………………………………… 137
5.4 典型故障案例 ……………………………………………… 142

第 6 章 站用交直流电源系统检修

6.1 站用交流电源系统检修 …………………………………… 151
6.2 站用直流电源系统检修 …………………………………… 155

第 7 章 其他辅助设备检修

7.1 母线及绝缘子 ……………………………………………… 168
7.2 穿墙套管 …………………………………………………… 175
7.3 高压熔断器 ………………………………………………… 178
7.4 端子箱及检修电源箱 ……………………………………… 180
7.5 避雷针 ……………………………………………………… 182
7.6 接地装置 …………………………………………………… 184

参考文献 ………………………………………………………… 187

第 1 章

开 关 类 设 备

变电站内的开关类设备，是指用于断开、闭合或隔离电路的电气设备主要包括断路器、组合电器（GIS）、隔离开关、开关柜、站用交直流电源系统以及变电站内其他辅助设备等。

1.1 断路器

断路器，是指能够关合、承载和开断正常回路条件下的电流并能在规定的时间内关合、承载和开断异常回路条件下的电流的开关装置。电力系统中的断路器一般指的是高压断路器，不仅可以切断或闭合高压电路中的空载电流和负荷电流，而且当系统发生故障时可以通过继电器保护装置的作用，切断过负荷电流和短路电流，具有相当完善的灭弧结构和足够的断流能力。断路器可分为油断路器（多油断路器、少油断路器）、SF_6 断路器、真空断路器等。

随着技术的不断发展，过去常用的油断路器已经渐渐退出了历史舞台，本书主要介绍 SF_6 断路器和真空断路器。

1.1.1 SF_6 断路器

SF_6 断路器是指使用 SF_6 进行绝缘和灭弧的断路器设备。SF_6 是一种无色、无味、无毒且不可燃的气体，它具备以下特点：

（1）灭弧能力强，介质强度高。单断口的电压可以很高，因此，与其他断路器相比，同一额定电压等级下，SF_6 断路器所用的串联单元数较少。

1

（2）介质恢复速度快，开断近区故障性能好。

（3）由于 SF_6 的电弧分解物中不含有碳等影响绝缘能力的物质，在严格控制水分的情况下分解物又没有腐蚀性，再加上触头在 SF_6 中的烧损极轻微，因此 SF_6 断路器允许多次开断，检修周期长。

由于 SF_6 同空气和绝缘油相比有许多优异的电气绝缘和灭弧性能，近年来，SF_6 在电气设备上的应用有了很大的发展，尤其是在高压和超高压断路器上，还有组合电器（GIS），现在基本上都使用 SF_6 断路器。

1. SF_6 断路器的结构

SF_6 断路器的结构有瓷瓶支柱式和落地罐式两大类。

瓷瓶支柱式的总体结构属积木式结构。现代灭弧室容器多用电工陶瓷，布置成 T 形（图 1-1）、Y 形、I 形（图 1-2）。它的耐压水平高，结构简单，运动部件少。

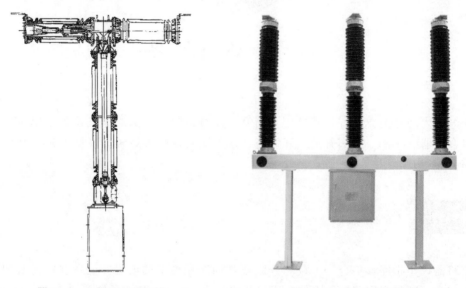

图 1-1　T 形 SF_6 断路器　　　　　　　　图 1-2　I 形 SF_6 断路器

落地罐式 SF_6 断路器如图 1-3 所示，其触头和灭弧室装于接地的金属箱中，导电回路靠绝缘套管引入，高压带电部分与外壳之间的绝缘主要由 SF_6 和环氧树脂浇注绝缘子承担。

2. SF_6 断路器的工作原理

SF_6 断路器的工作原理是通过操作机构带动灭弧室运动，从而开断电流、熄灭电弧的作用。

SF_6 断路器灭弧室的基本结构如图 1-4 所示，灭弧室由动触头、绝缘喷嘴和压气活塞连在一起，通过绝缘连杆由操作机构带动。定触头制成管形，动触头是插座式，动、定触头的端部都镶有铜钨合金。绝缘喷嘴用耐高温、耐腐蚀的聚四氟乙烯制成。

SF_6 断路器的操作机构一般采用弹簧操作机构或液压操作机构，其中弹簧操作机构采用的较多，本书对其作主要介绍。

弹簧操作机构利用已储能的弹簧为动力使断路器动作。弹簧操作机构有多种形式，具

图 1-3　落地罐式 SF₆ 断路器

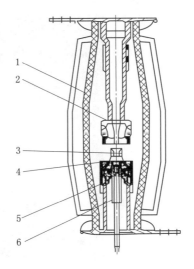

图 1-4　SF₆ 断路器灭弧室结构简图
1—瓷套；2—静弧触头座装配；3—喷管；
4—动弧触头；5—压气缸；6—拉杆

备闭锁、重合闸等功能，成套性强，不需要配置其他附属设备，性能稳定，运行可靠。但是结构复杂，加工工艺要求高。

弹簧操作机构主要由储能机构、电气系统和机械系统组成。

（1）储能机构，包括储能电动机、传动机构、合闸弹簧和连锁装置等。在传动轮的轴上可以套装储能手柄和储能指示器。全套储能机构用钢板外罩保护或装配在同一个箱柜中。

（2）电气系统，包括合闸线圈、分闸线圈、辅助开关、连锁开关和接线板等。

（3）机械系统，包括合、分闸机构和输出轴（拐臂）等。

操作机构箱上装有手动操作的合闸按钮、分闸按钮和位置指示器，在操作机构的底座或箱的侧面备有接地螺钉。操作机构箱内部结构如图 1-5 所示。

弹簧操作机构工作原理框图如图 1-6 所示，电动机通过减速装置和储能机构的动作，使合闸装置储存机械能，储存完毕后通过闭锁使弹簧保持在储能状态，然后切断电动机电源。当接收到合闸信号后时，将解脱合闸闭锁装置以释放合闸装置的储能。这部分能量中的一部分通过传动机构使断路器的动触头动作，进行合闸操作；另一部分则通过传动机构使分闸装置储能，为分闸做准备。当合闸动作完成后，电动机立即接通电源启动，通过储能装置使合闸装置重新储能，以便为下一次合闸动作做准备。当接收到分闸信号时，将解脱自由脱扣装置以释放分闸装置储存的能量，并使触头进行分闸动作。

3. SF₆ 断路器的特点

（1）SF₆ 断路器具备以下优点：

1）开断短路电流大。

2）截流量大，寿命长。

3）操作过电压低。

图 1-5　操作机构箱内部布置

1—装配板；2—防护等级为 IP55 的具有通用和加热功能的操作机构箱；
3—合闸弹簧；4—分闸弹簧；5—操作计数器；6—接触器，时间继电器；
7—用于防凝露的加热电阻；8—就地控制

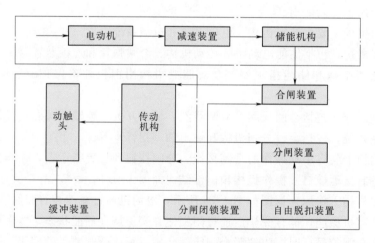

图 1-6　弹簧操作机构组成原理框图

4）运行可靠性高。

5）体积和占地面积小。

6）安装调试方便。

7）检修维护量小。

（2）SF_6 继电器存在以下不足：

1）制造工艺要求高、价格贵。

2）对气体管理技术要求高，气体的纯度要求高。

3）电弧的作用分解 SF_6 产生有腐蚀性的气体，损害触头及瓷绝缘，而且危及到运行和检修人员的安全。

近年来，随着技术的发展，制造工艺不断提高，气体管理水平持续提升，因此对 SF_6 分解物的分析管控水平也迈上了新的台阶，SF_6 断路器的缺点正不断被克服。SF_6 断路器现在已经被广泛应用于 10kV 及以上的断路器设备中。

1.1.2 真空断路器

真空断路器的灭弧介质和绝缘介质都是高真空，其具有体积小、重量轻、适用于频繁操作、灭弧不用检修的优点。

1. 真空断路器的结构和工作原理

真空断路器由操作机构带动真空灭弧室内运动进行灭弧。

真空灭弧室一般是由绝缘外壳、波纹管、屏蔽罩、导电杆、触头、导向套等零部件组成的，如图 1-7 和图 1-8 所示。

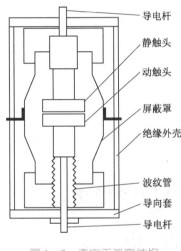

导电杆
静触头
动触头
屏蔽罩
绝缘外壳
波纹管
导向套
导电杆

图 1-7 真空灭弧室结构

图 1-8 真空灭弧室

真空灭弧室的外壳既是真空容器，又是动、静触头间的绝缘体。

波纹管是一种合金弹性元件，其管壁呈波纹状，在外力作用下可以沿其轴线拉长或缩短，在真空灭弧室中，波纹管的一个端口与动端法兰中心孔上的凸缘焊在一起，另一个端口与动导电杆焊在一起。这样借助波纹管的轴向伸缩，动导电杆可以在一定范围内进行轴向运动而不破坏外壳的气密性。在真空灭弧室中，波纹管的外部是真空，内部为空气，波纹管内外存在一个大气压的气压差，这一压力使动触头与静触头紧压在一起，形成触头自闭力。

屏蔽罩的主要作用是屏蔽开断电流过程中产生的金属蒸气和金属液滴，触头在开断电流过程中，触头间的真空电弧使触头材料产生金属蒸气和液滴（电弧生成物）向四周喷射，这些电弧生成物将主要沉积到屏蔽罩的内表面上。如果没有屏蔽罩，电弧生成物就会沉积到绝缘外壳上，破坏外壳的绝缘。屏蔽罩还可防止电弧生成物反射回触头间隙，引起弧后重燃和重击穿。屏蔽罩还可以使真空灭弧室内部电场分布得比较均匀，从而提高真空灭弧室的绝缘水平。

导电杆是内接触头、外同主回路相连接的导电体,分动、静导电杆两部分。静导电杆的一端与静触头用钎焊连成一体,另一端通过钎焊同固定板相连。固定板用来将真空灭弧室固定到真空断路器上,并将真空灭弧室的静导电杆与主回路连接。动导电杆的一端用钎焊连接动触头,动导电杆穿过波纹管和导向套并伸出外壳,伸出部分的直径较小,这是用来装导电夹的。端部中心有一螺孔,此螺孔用来与机械操动系统相连接。动导电杆带动动触头沿轴向运动完成合、分闸动作。导向套主要保证动导电杆进行直线运动,防止动导电杆扭转从而损坏波纹管,使得灭弧室真空泄露。

触头是真空灭弧室内最为重要的元件,决定其开断能力和电气寿命,目前真空开关触头的接触方式都是对接式的。触头材料是影响灭弧室性能的重要因素,这是因为真空电弧是由触头材料蒸发出的金属蒸汽来维持的。当前真空断路器采用最多的合金触头材料是铜铬合金。铜铬合金触头的优点开断性能比铜碲硒触头高10%,同时具有更好的绝缘性能、更低的触头烧损和弧后重燃概率,在燃弧过程中还具有吸气作用。其缺点是抗熔焊性能稍差。铜铬合金材料适宜用在高电压、大开断电流的真空断路器中。

真空断路器的操作机构一般采用电磁操作机构和弹簧操作机构。随着技术的发展成熟,弹簧操作机构不断完善,逐渐取代了电磁操作机构,成为了真空断路器主要的操作机构。真空断路器的弹簧操作机构与 SF_6 断路器的弹簧操作机构一脉相承,但功率更小,体积更小,如图1-9所示。

图1-9　真空断路器弹簧操作机构

2. 真空断路器的特点

(1) 熄弧过程在密封的容器中完成,电弧和炽热的电离气体不向外界喷溅,因此不会对周围的绝缘间隙造成闪络或击穿。

(2) 燃弧时间短,电弧电压低,操作能量小,因而触头电磨损率低,使用寿命长,适于频繁操作。

（3）触头行程短，开断速度低，对操作机构要求的操作功小，对传动机构的强度要求低，体积小，重量轻。

（4）真空灭弧室和触头不需检修，维护工作简单。

（5）灭弧介质为真空，无火灾和爆炸危险，相比 SF_6，对环境污染小。

由于这些特点，真空断路器广泛应用于 35kV 及以下的户内配电装置，尤其常见于开关柜中。

1.2 GIS

变电设备中的 GIS 一般指气体绝缘开关设备。

1.2.1 结构和工作原理

GIS 是各种电气设备的有机组合，它将一座变电站中除变压器以外的一次设备，包括断路器、隔离开关、电压互感器、电流互感器、避雷器、母线、电缆终端、进出线套管等，经优化设计后有机地组合成一个整体，安装于充有高压 SF_6 气体的金属圆筒内，如图1-10所示。

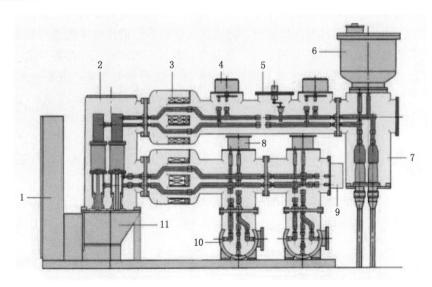

图 1-10　钢壳体 GIS 外形图

1—汇控柜；2—断路器；3—电流互感器；4—接地开关；5—出线隔离开关；
6—电压互感器；7—电缆终端；8—母线隔离开关；9—接地开关；10—母线；11—操作机构

GIS 根据安装方式可分为户外式与户内式，雨水充沛地区宜采用户内式安装。

GIS 一般可分为单相单筒式和三相共筒式两种型式。220kV 及以上电压等级通常采用单相单筒式结构，每一个间隔（GIS 配电装置将一个具有完整的供电、送电或具有其他功能的一组元器件称为一个间隔）根据其功能由若干元件组成，同时 GIS 的金属外壳往往分隔成若干个密封隔室，称为气隔，内充满 SF_6。这样组合的结构具备三大优点：①如需扩大配电装置或拆换其一气隔时，整个配电装置无需排气，其他间隔可继续保持 SF_6 气压；②若发生 SF_6 泄露，只有故障气隔受影响，而且泄露很容易查出，因为每一个气隔都有压力表或温度补偿压力开关；③如果某一气隔内部出现故障，不会涉及相邻气隔设备。GIS 外壳内以盘式绝缘子作为绝缘隔板与相邻气隔隔绝，在某些气隔内，盘式绝缘子装有通阀，既可沟通相邻隔室，又可隔离两个气隔。隔室的划分视其配电装置的布置和建筑物而定。

因为 GIS 设备是全封闭的，所以应根据各个元件不同的作用，将内部分成不同的若干个气室，其原则为：

(1) 因为不同设备中 SF_6 的压力不同，所以要分成若干个气室。断路器在开断电流时，要求电弧迅速熄灭，因此要求 SF_6 的压力要高，而隔离开关切断的只是电容电流，所以母线管里的压力稍低。例如断路器室的 SF_6 压力为 700kPa，母线管里的 SF_6 压力为 540kPa。因此，不同的设备所需的 SF_6 压力不同，要分成不同的若干气室。

(2) 因为不同元件的绝缘介质不同，所以要分成若干气室。如 GIS 设备必须与架空线路、电缆、主变相连接，而不同元件所用的绝缘介质不同，例如电缆终端的电缆头要用电缆油，与 GIS 连接要用 SF_6，由于要把电缆油与 SF_6 分隔开来，所以要分成多个气室。变压器套管也是如此。

(3) GIS 设备检修时，要分成若干个气室。由于所有的元件都要与母线连接起来，母线管里充以 SF_6。但当某一元件发生故障时，要将该元件的 SF_6 抽出来才能进行检修。若母线管里不分成若干气室，一旦某一元件故障，连接在母线管里的所有元件都要停电，扩大了故障的范围。因此，必须将母线管中的不同性能的元件分成若干个气室，当某一元件故障时，只停下故障元件，并将其气室的 SF_6 抽出来，非故障元件正常运行。

1.2.2 GIS 的特点

(1) 小型化。得益于 GIS 的绝缘性能好、灭弧能力前的 SF_6 气体，电气设备间的距离可大大缩小，变电站体积可大幅缩小。

(2) 可靠性。由于带电部分全部密封于惰性 SF_6 中，不与外部接触，不受外部环境的影响，大大提高了可靠性。此外，由于所有元件组合成为一个整体，具有优良的抗地震性能。

(3) 安全性。因带电部分密封于接地的金属壳体内，因而没有触电危险；SF_6 为不燃烧气体，所以无火灾危险；又因带电部分以金属壳体封闭，对电磁和静电实现屏蔽，噪声小，抗无线电干扰能力强。

(4) 适应能力强。由于设备外壳由金属壳体保护，组合电器可适用于环境条件恶劣（如严重污秽、冰雹、多风雪、多水露、高海拔、多地震等）地区，对于污秽程度高的区域尤其适用。

(5) 安装与维护方便。由于实现了小型化，可在工厂内进行整机装配和试验合格后，以单元或间隔的形式运达现场，因此可缩短现场安装工期，又能提高可靠性。因其结构布局合理，灭弧系统先进，大大提高了产品的使用寿命，因此检修周期长，维修工作量小，而且由于小型化，离地面低，因此日常维护方便。

1.3　隔离开关

在变电专业中，隔离开关一般指的是高压隔离开关，在高压电路中起隔离高压的作用。隔离开关本身的工作原理及结构比较简单，但是由于使用量大，工作可靠性要求高，对变电所、电厂的设计、建立和安全运行的影响均较大。

1.3.1　隔离开关的结构

隔离开关的种类设计有很多，以 GW4 型隔离开关为例，简单介绍隔离开关的结构及原理。

GW4 型隔离开关是由 3 个独立的单相隔离开关（图 1-11）组成的三相高压电气设备。采用联动操作，主开关由电动（或手动）操作机构操作，接地开关由手动操作机构操作。主开关与接地开关设有防止误操作的机械闭锁装置，手动操作机构可配置有电磁锁和辅助开关，构成电气防止误操作连锁回路，以实现机械闭锁或电气连锁，达到防止误操作的目的。

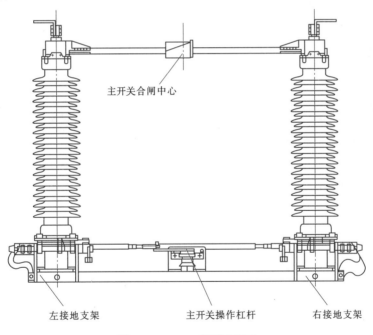

主开关合闸中心

左接地支架　　　主开关操作杠杆　　　右接地支架

图 1-11　GW4 型隔离开关

GW4 型隔离开关为双柱单断口水平旋转式结构，由底座、轴承座、导电系统、传动系统、操作机构等组成。根据现场使用需要可在单侧或双侧安装接地开关，也可以不安装接地开关。

1. 底座

底座如图 1-12 所示。底座的材料为槽钢，每相底架两端装有轴承座、槽钢上有安装主开关操作底座和接地开关操作底座安装孔，可根据用户需要安装一个或两个接地开关，左、右接地可以任意组合。

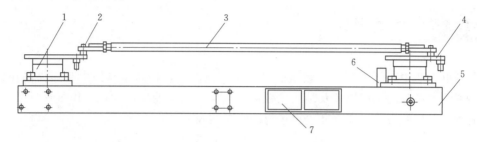

图1-12 底座

1—轴承座装配；2—接头；3—交叉连杆；4—转轴；5—槽钢；6—限位钉；7—铭牌

2. 轴承座

轴承座如图1-13所示。轴承座采用全密封组合式结构，可任意配置成 A、B、C 三相的多种结构，轴承座内装圆锥滚子轴承，加二硫化钼锂，两端设有密封装置，可确保防雨、防潮、防凝露。金属表面全部热镀锌处理，可确保 20 年不生锈。能承受较大的径向负荷及隔离开关的轴向重力且不产生间隙，稳定性好、旋转灵活。

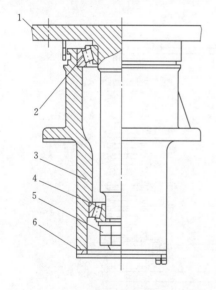

图1-13 轴承座

1—转动板；2—上端圆锥滚子轴承；3—轴承座；4—下端圆锥滚子轴承；5—并紧螺母；6—防尘罩

3. 导电系统

导电系统分成左、右两部分，分别固定在支柱绝缘子的顶端，如图1-14所示。导电系统由接线夹、接线座、导电杆、软铜导电带、触指臂导电管、触指（左触头）、触头（右触头）、触头臂导电管组成。具体接线座及触指分别如图1-15和图1-16所示。

4. 传动系统

隔离开关工作由其分合体现，而使其分合主要借助于传动系统。GW4 隔离开关传动系统主要由垂直连杆、水平连杆及传动机构等组成。隔离开关操作由操动机构带动底座中部转动轴旋转180°，通过水平连杆带动一侧支柱绝缘子（安装于转动杠杆上）旋转90°，并借助交叉连杆使另一支柱绝缘子反向旋转90°，于是两闸刀便向一侧分开或闭合。另外两相（从动相）则通过三相连杆联动，同步于（主动相）分合。GW4 隔离开关传动系统结构如图1-17所示。

另外，部分隔离开关根据设计要求配备接地开关。接地开关操动机构分、合时，借助传动轴及水平连杆使接地开关轴旋转一定的角度达到分、合的目的。由于接地开关转轴上有扇形板与紧固于瓷柱法兰上的弧形板组成连锁，故能确保主分—地合—主合的顺序动作。

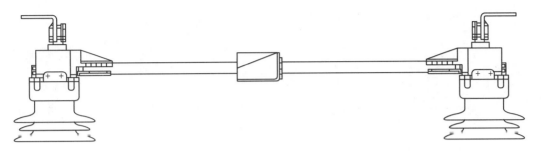

图 1-14 导电系统

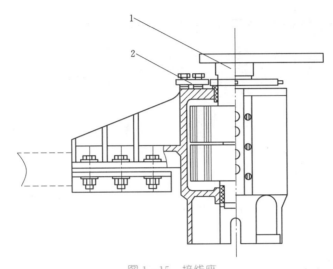

图 1-15 接线座

1—接线端子；2—螺钉

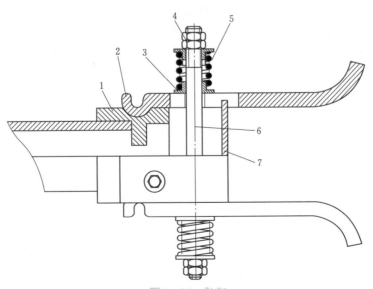

图 1-16 触指

1—触指座；2—触头；3—垫圈；4—螺母；5—弹簧；6—螺杆；7—定位板

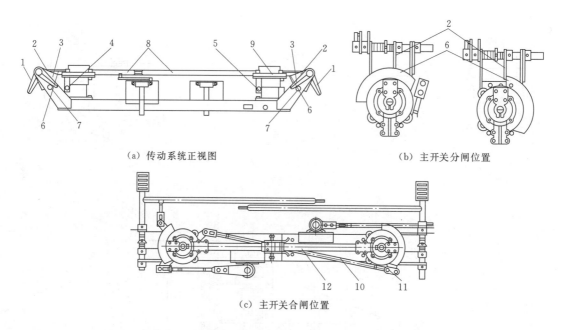

（a）传动系统正视图　　　　　　　　　　（b）主开关分闸位置

（c）主开关合闸位置

图 1-17 传动系统

1—接地开关合闸限位拐臂；2—机械连锁拐臂；3—接地开关合闸限位拐臂；4—主开关合闸限位螺杆；
5—主开关分闸限位螺杆；6—机械连锁拐臂；7—接地开关分闸限位螺杆；8—双接地接地开关；
9—绝缘子下降件；10—调节螺杆；11—调节螺母；12—导电管

5. 操作机构

隔离开关的分合由操作机构实现，通常配备手动操作机构或电动操作机构。手动操作机构以人力为操作动力，由凸轮、连杆等组成，操作方式多为水平操作。电动操作机构以电动机为操作动力，主要由电动机、机械减速传动系统、电气控制系统和箱体等组成，由电动机驱动，通过齿轮、蜗杆涡轮减速后将转矩传至输出轴。其与手动操作机构最大的区别在于它包含电气回路，同时电动操作机构具备手动操作功能。

电动操作机构设有远方、停止、就地切换开关，当机构调整或检修时拨到就地位置，可在机构前操作（此时远动电力已切断）。拨至远方位置时，机构分合按钮不起作用，只可远动。机构箱内装有加热器，可以驱散箱内潮气，防止电器元件受潮引起故障。电动操作机构的结构如图 1-18 所示。

1.3.2 隔离开关的特点

（1）提供电气间隔。在电气设备检修时，提供一个电气间隔，并且是一个明显可见的断开点，用以保障维护人员的人身安全。

（2）无灭弧能力。隔离开关不能带负荷操作，不能带额定负荷或大负荷操作，不能分、合负荷电流和短路电流，但是有灭弧室的可以带小负荷及空载线路操作。

（3）和断路器之间有顺序配合。一般送电操作时需要先合隔离开关，后合断路器或负荷类开关；断电操作时，先断开断路器或负荷类开关，后断开隔离开关。

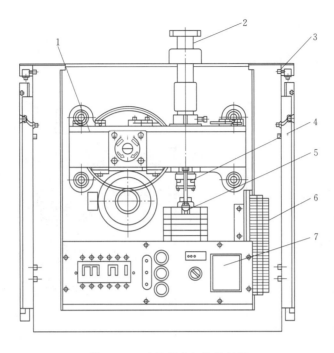

图 1-18 电动操作机构的结构

1—减速箱；2—输出轴；3—箱体；4—辅助开关连接头；

5—辅助开关；6—接线端子；7—电路板

1.4 开关柜

1.4.1 开关柜的结构和原理

开关柜是金属封闭开关设备的俗称，是按一定的电路方案将有关电气设备组装在一个封闭的金属外壳内的成套配电装置，广泛应用于 10～35kV 配电设备中，主要有 GG-1A、GBC、XGN、KYN 等类型。其中KYN 型开关柜又称中置式开关柜，如图1-19所示。其结构紧凑，占地面积小，手车可以互换，便于快速处理故障，封闭性好，"五防"功能齐全，所有设备操作都可以在柜门关闭状态下进行，运行安全可靠。

开关柜的外壳和隔板采用敷铝锌钢板，整个柜体不仅具有精度高、抗腐蚀与氧化等优点，且机械强度高、外形美观，柜体采用组装结构，用拉铆螺母和高强度螺栓联结而成，因此装配好的开关柜能保持尺寸上的统

图 1-19 KYN 型开关柜

一性。

　　开关柜被隔板分成母线室、断路器室（手车室）、电缆室和继电器仪表室，每一个单元均良好接地。开关柜结构如图1-20所示。

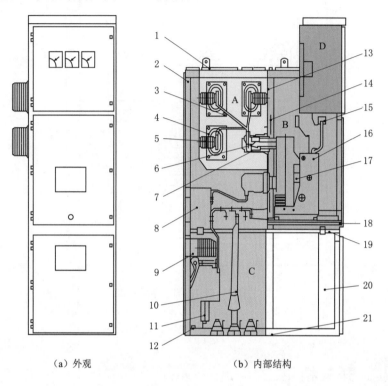

（a）外观　　　　　　（b）内部结构

图1-20　开关柜结构示意图

A—母线室；B—断路器室；C—电缆室；D—继电器仪表室；
1—泄压装置；2—外壳；3—分支母线；4—母线套管；5—主母线；6—静触头装置；
7—静触头盒；8—电流互感器；9—接地开关；10—电缆；11—避雷器；12—接地母线；
13—装卸式隔板；14—隔板（活门）；15—二次插头；16—断路器手车；17—加热去湿器；
18—可抽出式隔板；19—接地开关操作机构；20—控制小线槽；21—底板

　　（1）母线室，如图1-21所示。布置在开关柜的背面上部，用于安装布置三相高压交流母线及通过支路母线实现与静触头连接。全部母线用绝缘套管塑封。在母线穿越开关柜隔板时，用母线套管固定。如果出现内部故障电弧，能限制事故蔓延到邻柜，并能保障母线的机械强度。

　　（2）断路器室，如图1-22所示。安装了特定的导轨，供断路器手车在内滑行与工作。手车能在工作位置、试验位置之间移动。静触头的隔板（活门）安装在手车室的后壁上。手车从试验位置移动到工作位置过程中，隔板自动打开，反方向移动手车则完全复合，从而保障

图1-21　母线室

了操作人员不触及带电体。

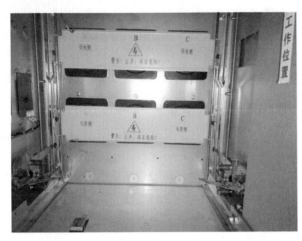

（a）断路器室   （b）断路器

图 1-22　断路器室与断路器

（3）电缆室，如图 1-23 所示。电缆室内可安装电流互感器、接地开关、避雷器（过电压保护器）以及电缆等附属设备，并在其底部配制开缝的可卸铝板，以确保现场施工的方便。

图 1-23　电缆室   图 1-24　继电器仪表室

（4）继电器仪表室，如图 1-24 所示。继电器室的面板上，安装有微机保护装置、操作把手、保护出口压板、仪表、状态指示灯（或状态显示器）等。继电器室内，安装有端子排、微机保护控制回路直流电源开关、微机保护工作直流电源、储能电机工作电源开关

（直流或交流），以及特殊要求的二次设备。

开关柜分别有工作位置、试验位置和检修位置三个位置，其中：①工作位置，断路器与一次设备有联系，合闸后功率从母线经断路器传至输电线路；②试验位置，二次插头可以插在插座上，获得电源。断路器可以进行合闸、分闸操作，对应指示灯亮；断路器与一次设备无联系，可以进行各项操作，不会对负荷侧有任何影响，所以称为试验位置；③检修位置，断路器与一次设备（母线）无联系，失去操作电源（二次插头已经拔下），断路器处于分闸位置。

工作位置移到试验位置的过程，可以类比为隔离开关拉开的过程，通过三个位置的变换实现导通断开电路、切除故障、隔离带电部位的功能。

1.4.2 开关柜的特点

（1）开关柜具有一定的操作程序及机械或电气连锁机构，无"五防"功能或"五防功能不全"是造成电力事故的主要原因。开关柜防护要求中的"五防"，包括：防止误分、误合断路器；防止带电分、合隔离开关；防止带电合接地开关；防止带接地分、合断路器；防止误入带电间隔。

（2）具有接地的金属外壳，其外壳有支撑和防护作用，因此要求它应具有足够的机械强度和刚度，保证装置的稳固，当柜内产生故障时，不会出现变形、折断等外部效应。同时也可以防止人体接近带电部分和触及运动部件，防止外界因素对内部设施的影响，以及防止设备受到意外的冲击。

（3）具有抑制内部故障的功能，"内部故障"是指开关柜内部电弧短路引起的故障，一旦发生内部故障，要求把电弧故障限制在隔室以内。

（4）设计紧凑，以较小的空间容纳较多的功能单元。

（5）结构件通用性强、组装灵活。

1.5 站用交直流电源系统

在变电站中，站用电源系统指的是变电站自用的低压电源系统。站用电的一般取自变电站低压侧，通过站用变将高压降低至380V（400V）供变电站内低压电器使用，并通过整流装置给自动化、继电保护装置供电。

站用交直流电源系统包括站用交流电源系统和站用直流电源系统。

1.5.1 站用交流电源系统

站用交流电源系统为变电站内交流负荷提供电源，交流负荷主要包括变压器的冷却装置（包括风扇、油泵和水泵）、隔离开关和断路器操作的电源、蓄电池的充电设备、油处理设备、检修器械、通风、照明、采暖、供水等。

站用交流用电负荷虽然较小，但其可靠性要求较高，380/220V低压所用电系统采用单母线接线，通过2台所用变分别向母线供电，2台所用变压器互相备用，并设置备用电源自动投入装置。大型变电所所用电低压母线采用单母线分段来提高供电可靠性。

站用交流电源为动力配电中心，俗称低压开关柜，又称低压配电屏，如图 1-25 所示。它们集中安装在变电站，把电能分配给不同地点的下级配电设备。这一级设备紧靠降压变压器，故电气参数要求较高，输出电路容量也较大。

站用交流电源系统一般都由受柜、计量柜、联络柜、双电源、互投柜和馈电柜等组成。成套设备中通常把电气部分分为主回路和辅助回路，主回路是指传送电能的所有导电回路，由一次电器元件连接组成；辅助回路是指除主回路外的所有控制、测量、信号和调节回路在内的回路。

站用配电屏柜后布置的结构如图 1-26 所示。

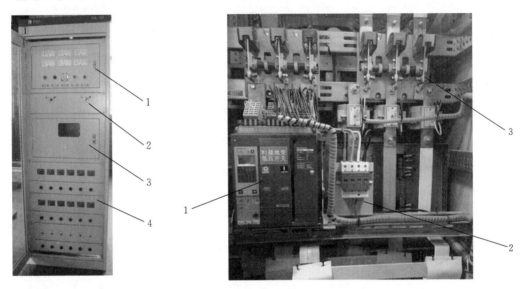

图 1-25 低压配电屏

1—控制及仪表室；2—计量室；
3—馈电开关及指示灯；4—隔离开关操作孔

图 1-26 站用配电屏柜后布置图

1—低压开关控制和保护；2—防雷保护；3—开关

1.5.2 站用直流电源系统

在发电厂和变电站中，为控制、信号、保护和自动装置（统称为控制负荷）以及断路器电磁合闸、直流电动机、交流不停电电源、事故照明（统称为动力负荷）等供电的直流电源系统，统称为站用直流电源系统。

站用直流电源系统的作用主要为：①正常状态下为发电站、换流站的高压断路器，继电保护及自动装置，通信等提供直流电源；②在站用电中断的情况下，发挥其"独立电源"的作用，为继电保护及自动装置、断路器、通信、事故照明等提供后备电源。

直流系统包括交流输入、微机监控、充电、馈电、蓄电池组、绝缘监测（接地选线可选）、放电（可选）、母线调压装置（可选）、电压监测（可选）、电池巡检（可选）等单元组成，如图 1-27 所示。

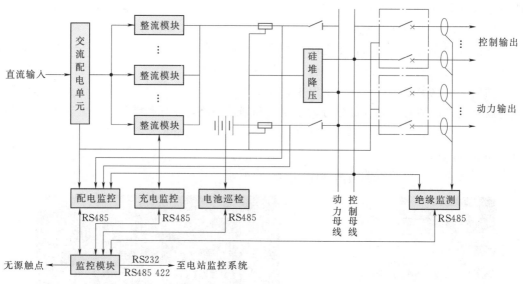

图1-27 站用直流电源系统结构

注：系统不设置硅堆降压装置时，动力母线和控制母线合并。

1.6 其他辅助设备

1.6.1 母线及绝缘子

1.6.1.1 母线

在电力系统中，母线将配电装置中的各个载流分支回路连接在一起，起着汇集、分配和传送电能的作用，如图1-28所示。

图1-28 母线

母线按外型和结构，大致分为以下类型：

（1）硬母线。包括矩形母线、圆形母线、管形母线等。

（2）软母线。包括铝绞线、铜绞线、钢芯铝绞线、扩径空心导线等。

（3）封闭母线。包括共箱母线、分相母线等。

母线的相序排列须按照要求进行，要特别注意多段母线的连接、母线与变压器的连接相序应正确。当设计无规定由上到下排列为A、B、C相，直流母线由盘后向盘面排列A、B、C相，直流母线由左到右排列为A、B、C相，直流母线

时应符合下列规定：①上、下布置的交流母线，正极在上，负极在下；②水平布置的交流母线正极在后，负极在前；③引下线的交流母线，

正极在左，负极在前右。

硬母线安装后，应进行油漆着色，主要是为了便于识别相序、防锈蚀、增加美观和散热能力。母线油漆颜色应符合以下规定：①三相交流母线，A 相为黄色，B 相为绿色，C 相为红色；②单相交流母线，从三相母线分支来的应与引出相颜色相同；③直流母线，正极为赭色，负极为蓝色。

1.6.1.2 绝缘子

绝缘子适用于变电站配电装置及电器设备中，作为导电部分的绝缘、支持及悬挂。

绝缘子根据结构可分为支柱绝缘子和悬式绝缘子。支柱绝缘子作为导体支柱用，如图 1-29 所示；悬式绝缘子作为导体的悬挂，主要应用在户外配电装置和架空线路上，如图 1-30 所示。

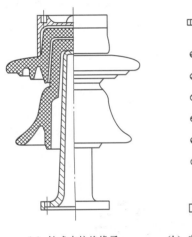
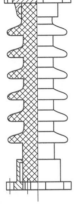

(a) 针式支柱绝缘子　　　(b) 实心棒式支柱绝缘子

图 1-29　支柱绝缘子

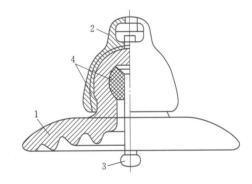

图 1-30　悬式绝缘子

1—瓷件；2—镀锌铁帽；3—铁脚；4—水泥胶合剂

1.6.2 穿墙套管

穿墙套管用于电站和变电所配电装置及高压电器，供导线穿过接地隔板、墙壁或电器设备外壳，支持导电部分使之对地或外壳绝缘。穿墙套管及其结构如图 1-31 和图 1-32 所示。

图 1-31　穿墙套管

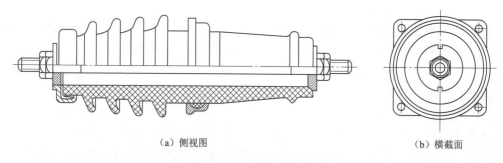

(a) 侧视图　　　　　　　　　　　　　　(b) 横截面

图 1-32　穿墙套管结构

穿墙瓷套管按其使用环境可分为户内和户外穿墙瓷套管。按穿过其中心的导体不同可分为母线穿墙瓷套管、铜导体穿墙瓷套管和铝导体穿墙瓷套管。

户内、户外穿墙瓷套管由瓷件、导电杆、两端金属附件及安装法兰装配而成。母线穿墙瓷套管是由瓷件、两端金属附件、母线夹板及安装法兰装配而成，母线夹板通常由用户按母线尺寸自配。

1.6.3　熔断器

熔断器是最简单的一种保护电器，高压熔断器如图 1-33 所示，使用时将其串接在电路中。当电流超过规定值时，熔断器本身产生的热量使熔体熔断，从而断开电路。有些熔断器还有简单的灭弧装置，以提高熔断器的灭弧能力。

图 1-33　高压熔断器

熔断器的使用要注意上下级的配合，防止越级熔断。

熔断器由绝缘底座（或支持件）、触头、熔体等组成，熔体是熔断器的主要工作部分，熔体相当于串联在电路中的一段特殊的导线，当电路发生短路或过载时，电流过大，熔体因过热而熔化，从而切断电路。熔体常做成丝状、栅状或片状。熔体材料具有相对熔点低、特性稳定、易于熔断的特点。一般采用铅锡合金、镀银铜片、锌、银等金属。在熔体熔断切断电路的过程中会产生电弧，为了安全有效地熄灭电弧，一般均将熔体安装在熔断器壳体内。

1.6.4 端子箱及检修电源箱

端子箱是变电站不可缺少的设备之一，是电气设备保护信号回路，分、合闸控制回路，二次回路，电压回路，交直流环网，远动信号及遥控回路等就地与远控保护装置二次部分连接转择的过渡点。变电站中所有一次设备的信息量均集中到端子箱，通过光纤或电缆传至控制室，因此端子箱的可靠性直接影响着变电站乃至整个片区电网的安全稳定运行。端子箱如图 1 - 34 所示。

检修电源箱是一种集合三相插座、单相插座、直流插座于一体的保护装置，其允许电流较大，装置在厂房周围，便于检修时插接各种电动工具，电气设备，照明灯等的临时用电装置。

图 1 - 34 端子箱

随着电网的日益壮大和标准化管理工作的全面展开，以及国家电网品牌的社会效应，提高变电站端子箱的精益化检修水平也成为日常工作中的一项重要内容。由于受到一次设备地点限制，端子箱大多安装于户外，这就更加容易受到外界环境的影响。

1.6.5 避雷针

变电站的直击雷过电压保护一般采用避雷针。

避雷针按安装方式可分为构架避雷针和独立避雷针，如图 1 - 35 和图 1 - 36 所示。多台避雷针互相配合，联合保护范围覆盖全所保护对象。

图 1 - 35 构架避雷针

图 1 - 36 独立避雷针

110kV 及以上的配电装置一般将避雷针装在配电装置的架构顶上，称为构架避雷针，但在土壤电阻率较大的环境下，宜装设独立避雷针，独立避雷针不借助其他建筑物，架设专门的支架安装避雷针。避雷针应与接地网可靠连接。

1.6.6　接地装置

电气设备的任何部分与土壤间应有良好的电气连接，称为接地，接地装置是由接地体和接地线组成的整体接地系统，如图 1-37 所示。

直接与土壤接触的金属导体称为接地体。连接于电气设备接地部分与接地体间的金属导线称为接地线。接地体可分为人工接地体和自然接地体，人工接地体是指专门为接地而装设的接地体，自然接地体是指兼作接地体用的直接与大地接触的各种金属构件、金属管道及建筑物的钢筋混凝土基础等。

1.6.7　构支架

变电所里配电装置中的所有构架，包括母线构架、设备支架灯等都称为变电构支架，如图 1-38 所示。

构支架包括构架和支架，构架是指挂母线、引线用的钢管或水泥杆组成的承力结构，除了避雷针，一般是变电所中最高的设备。支架是指断路器、隔离开关、四小器等设备的支持物，一般是角钢组成的桁架结构。

图 1-37　接地装置　　　　　　　　　图 1-38　构支架

第 2 章

断 路 器 检 修

2.1 专业巡视要点

2.1.1 SF₆ 断路器本体巡视

(1) 本体及支架无异物。

(2) 外绝缘有无放电，若有，放电不超过第二片伞裙，不出现中部伞裙放电。

(3) 覆冰厚度不超过设计值（一般为 10mm），冰凌桥接长度不宜超过干弧距离的 1/3。

(4) 外绝缘无破损或裂纹，无异物附着，增爬裙无脱胶和变形。

(5) 均压电容、合闸电阻外观完好，气体压力正常，均压环无变形、松动和脱落。

(6) 无异常声响和气味。

(7) SF_6 密度继电器指示正常，表计防震液无渗漏。

(8) 套管法兰连接螺栓紧固，法兰无开裂，胶装部位无破损、裂纹和积水。

(9) 高压引线、接地线连接正常，设备线夹无裂纹和发热。

(10) 对于罐式断路器，寒冷季节罐体加热带工作正常。

2.1.2 油断路器本体巡视

(1) 本体及支架无异物。

(2) 外绝缘有无放电，若有，放电不超过第二片伞裙，不出现中部伞裙放电。

(3) 覆冰厚度不超过设计值（一般为 10mm），冰凌桥接长度不宜超过干弧距离的 1/3。

(4) 外绝缘无破损或裂纹，无异物附着，增爬裙无脱胶和变形。

（5）均压电容无渗漏油，防雨罩无移位。

（6）无异常声响和气味。

（7）本体油位正常，油色正常，无渗漏油。

（8）套管法兰连接螺栓紧固，法兰无开裂，胶装部位无破损、裂纹和积水。

（9）高压引线、接地线连接正常，设备线夹无裂纹和发热。

2.1.3　真空断路器本体巡视

（1）本体及支架无异物。

（2）外绝缘有无放电，若有，放电不超过第二片伞裙，不出现中部伞裙放电。

（3）覆冰厚度不超过设计值（一般为 10mm），冰凌桥接长度不宜超过干弧距离的 1/3。

（4）外绝缘无破损或裂纹，无异物附着，增爬裙无脱胶和变形。

（5）无异常声响和气味。

（6）套管法兰连接螺栓紧固，法兰无开裂，胶装部位无破损、裂纹和积水。

（7）高压引线、接地线连接正常，设备线夹无裂纹和发热。

2.1.4　液压（液压弹簧）操作机构巡视

（1）分、合闸到位，指示正确。

（2）对于三相机械联动断路器，相间连杆与拐臂所处位置无异常，连杆接头和连板无裂纹、锈蚀；对于分相操作断路器，各相连杆与拐臂相对位置一致，拐臂箱无裂纹。

（3）液压机构压力指示正常，液压弹簧机构弹簧压缩量正常。

（4）压力开关微动接点固定螺杆无松动。

（5）机构内金属部分及二次元器件外观完好。

（6）储能电机无异常声响或气味，外观检查无异常。

（7）机构箱密封良好，清洁无杂物，无进水受潮，加热驱潮装置功能正常。

（8）液压油油位、油色正常，油路管道及各密封处无渗漏。

（9）分析后台打压频度及打压时长记录，无异常。

2.1.5　气动（气动弹簧）操作机构巡视

（1）分、合闸到位，指示正确。

（2）对于三相机械联动断路器，相间连杆与拐臂所处位置无异常，连杆接头和连板无裂纹和锈蚀；对于分相操作断路器，各相连杆与拐臂相对位置一致，拐臂箱无裂纹。

（3）气压压力指示正常。

（4）空气压缩机（以下简称"空压机"）润滑油的油位正常，无乳化。

（5）气水分离器工作正常。

（6）分、合闸缓冲器无渗漏油。

（7）分、合闸脱扣器和动铁芯无锈蚀，检查机芯固定螺栓无松动。

（8）机构内金属部分及二次元器件外观完好。

（9）气动机构气水分离器包括电磁阀、装置阀门位置正常，排气正常，无老化。

（10）机构箱密封良好，清洁无杂物，无进水受潮，加热驱潮装置功能正常。

（11）分析后台打压频度及打压时长记录，无异常。

2.1.6 弹簧操作机构巡视

（1）分、合闸到位，指示正确。

（2）对于三相机械联动断路器，相间连杆与拐臂所处位置应无异常，连杆接头和连板无裂纹和锈蚀；对于分相操作断路器，各相连杆与拐臂相对位置应一致。

（3）拐臂箱无裂纹。

（4）储能指示正常，储能行程开关无锈蚀和松动。

（5）分合闸弹簧外观完好，无锈蚀。

（6）齿轮无破损、啮合深度不少于2/3，挡圈无脱落，轴销无开裂、变形和锈蚀。

（7）储能链条无松动、断裂和锈蚀现象，分、合闸弹簧固定螺栓紧固无松动和脱落现象。

（8）分合闸缓冲器无渗漏油。

（9）分、合闸脱扣器和动铁芯无锈蚀，机芯固定螺栓无松动。

（10）机构内金属部分及二次元器件外观完好。

（11）机构箱密封良好，清洁无杂物，无进水受潮，加热驱潮装置功能正常。

2.1.7 电磁操作机构巡视

（1）分、合闸到位，指示正确。

（2）对于三相机械联动断路器，相间连杆与拐臂所处位置无异常，连杆接头和连板无有裂纹和锈蚀；对于分相操作断路器，各相连杆与拐臂相对位置一致。

（3）拐臂箱无裂纹。

（4）直流接触器、线圈外观完好，绝缘部分无破损。

（5）分闸电磁铁线圈安装牢固，无松动、损伤和锈蚀。

（6）连板、拐臂无变形，轴、孔、轴承完好，无松动。

（7）机构传动连杆无变形，卡、销、螺栓完好，无变形脱落。

（8）机构内金属部分及二次元器件外观完好。

（9）机构箱密封完好，无进水受潮，加热驱潮装置功能正常。

⚡ 2.2 检修关键工艺质量控制要求

2.2.1 SF₆断路器本体检修

2.2.1.1 灭弧室检修

1. 安全注意事项

（1）断开与断路器相关的各类电源并确认无电压，充分释放能量。

（2）拆除灭弧室前，应先回收 SF_6，将本体抽真空后用高纯 N_2 冲洗 3 次。

（3）打开气室后，所有人员撤离现场 30min 后方可继续工作，工作时人员站在上风侧，穿戴好防护用具。

（4）对户内设备，应先开启强排通风装置 15min，监测工作区域空气中的 SF_6 含量，当 SF_6 含量不超过 $1000\mu L/L$ 且含 O 量大于 18％时方可进入。工作过程中应当保持通风装置运转。

（5）工作前先用真空吸尘器将 SF_6 生成物粉末吸尽。

（6）吊装应按照厂家规定程序进行，选择合适的吊装设备和正确的吊点，设置揽风绳控制方向，并设专人指挥。

（7）起吊前确认连接件已拆除，对接密封面已脱胶。

（8）起吊平稳，对法兰密封面、槽应采取保护措施，使其不受到损伤。

（9）取出的吸附剂及 SF_6 生成物粉末应倒入 20％浓度的 NaOH 溶液内浸泡 12h 后，装于密封容器内深埋。

（10）合闸电阻、均压电容影响吊装平衡时宜分开吊装。

2. 关键工艺质量控制

（1）施工环境应满足要求，温度不低于 5℃（高寒地区参考执行），相对湿度不大于 80％，并采取防尘、防雨、防潮、防风等措施。

（2）灭弧室拆除后应将支柱瓷套管上法兰开口可靠密封。

（3）喷口烧损深度、喷口内径应小于产品技术规定值，石墨材质的喷口、铜钨过渡部分应光滑。

（4）弧触头烧损深度应小于产品技术规定值，表面光洁。

（5）动静触头安装时，应完全对中后再进行紧固。

（6）触头拧紧力矩符合要求，触头座、导电杆、喷口组装完好紧固，连接处接缝光洁。

（7）灭弧室的压气缸导电接触面完好，镀银层完整、表面光洁。

（8）压气缸、气缸座表面完好，逆止阀片与挡板间密封良好，逆止阀应活动自如。

（9）活塞工作表面光滑，活塞杆完好，轻微变形应修复，如变形严重应更换。

（10）压力防爆膜无老化开裂。

（11）各部件清洁后应用烘箱进行干燥。无特殊要求时，烘干温度为 60℃，保持 48h。

（12）原密封件不得重复使用。

（13）密封圈、尼龙垫圈的安装顺序，唇形、V 形密封圈的安装方向符合产品技术规定。

（14）密封槽面应清洁，无杂质和划痕。

（15）涂密封脂时，不得使其流入密封件内侧而与 SF_6 接触。

（16）密封件安装过程中防止划伤、过度扭曲或拉伸。

（17）各导电接触面平整、光滑，连接可靠。

（18）屏蔽罩表面光洁，无毛刺和变形。屏蔽罩端面与弧触头端面之间的高差应符合产品技术规定。

（19）灭弧室内部应彻底清洁，吸附剂应更换，检查吸附剂真空包装，无进气现象，并在短时间内完成更换。

（20）外绝缘清洁、无破损，瓷件与金属法兰浇注面防水胶层完好，法兰排水孔畅通。瓷套管探伤应符合厂家设计或有关技术标准的要求。

（21）灭弧室动触头系统与绝缘拉杆连接轴销安装牢固，无松动。

（22）螺栓应对称均匀紧固，力矩符合产品技术规定，密封面的连接螺栓应涂防水胶。

（23）定开距灭弧室的弧触头开距符合产品技术规定。

（24）灭弧室装复后放置于烘房加温防潮。

（25）灭弧室与其他气室分开的断路器，应进行抽真空处理，并按规定预充入合格的 SF_6。

（26）核对并记录导电回路触头行程、超行程、开距等机械尺寸，应符合产品技术规定。

2.2.1.2 支柱瓷套管检修

1. 安全注意事项

（1）断开与断路器相关的各类电源并确认无电压，充分释放能量。

（2）拆除支柱瓷套管前，应先回收 SF_6，将本体抽真空后用高纯 N_2 冲洗 3 次。

（3）打开气室后，所有人员撤离现场 30min 后方可继续工作，工作时人员站在上风侧，穿戴好防护用具。

（4）对户内设备，应先开启强排通风装置 15min，监测工作区域空气中的 SF_6 含量，当 SF_6 含量不超过 $1000\mu L/L$ 且含 O 量大于 18％时方可进入，工作过程中应当保持通风装置运转。

（5）工作前先用真空吸尘器将 SF_6 生成物粉末吸尽。

（6）吊装应按照厂家规定程序进行，选择合适的吊装设备和正确的吊点，设置揽风绳控制方向，并设专人指挥。

（7）起吊前确认连接件已拆除，对接密封面已脱胶。

（8）起吊平稳，对法兰密封面、槽应采取保护措施，使其不受到损伤。

（9）取出的吸附剂及 SF_6 生成物粉末应倒入 20％浓度的 NaOH 溶液内浸泡 12h 后，装于密封容器内深埋。

（10）合闸电阻、均压电容影响吊装平衡时应分开吊装。

2. 关键工艺质量控制

（1）施工环境应满足要求，温度不低于 5℃（高寒地区参考执行），相对湿度不大于 80％，并采取防尘、防雨、防潮、防风等措施。

（2）检查绝缘拉杆、绝缘件表面情况符合产品技术规定，绝缘拉杆无弯曲和损伤。

（3）绝缘拉杆的金属接头连接牢固。

（4）绝缘拉杆、绝缘件清洁后应放置烘房加温防潮，绝缘拉杆应悬挂或采取多点支撑方式存放。

（5）各部件清洁后应用烘箱进行干燥。无特殊要求时，烘干温度 60℃，保持 48h。

（6）直动密封装配内部应注入低温润滑脂；检查密封良好且动作灵活。

（7）密封圈、尼龙垫圈的安装顺序，唇形、V 形密封圈的安装方向符合产品技术规定。

（8）密封槽面应清洁，无杂质和划痕。

（9）检查新密封件完好，已用过的密封件不得重复使用。

（10）涂密封脂时，不得使其流入密封件内侧而与 SF_6 接触。

（11）密封件安装过程中防止划伤、过度扭曲或拉伸。

（12）外绝缘清洁，无破损，瓷件与金属法兰浇注面防水胶层完好，法兰排水孔畅通。

（13）瓷套管探伤应符合厂家设计或有关技术标准的要求。

（14）绝缘拉杆安装前应经耐压试验合格，吊装时防止支柱瓷套管、绝缘拉杆相互碰撞受损。

（15）屏蔽罩表面光洁，应清除毛刺、修复变形，安装应对称。

（16）螺栓应对称均匀紧固，力矩符合产品技术规定，密封面的连接螺栓应涂防水胶。

（17）支柱瓷套管装复后放置于烘房加温防潮。

（18）支柱瓷套管与其他气室分开的断路器，应进行抽真空处理，并按规定预充入合格的 SF_6。

（19）核对并记录导电回路触头行程、超行程、开距等机械尺寸，应符合产品技术规定。

2.2.1.3　均压电容检修

1. 安全注意事项

（1）工作前应将机构储能电源断开，充分释放能量。

（2）检修前应对均压电容进行充分放电。

（3）拆除均压电容时应采取措施，避免与灭弧室、合闸电阻等部件碰撞受损，需设置揽风绳控制方向，并设专人指挥。

（4）如仅对一侧均压电容进行检修，应采取可靠的支撑措施。

2. 关键工艺质量控制

（1）螺栓应对称均匀紧固，力矩符合产品技术规定，密封面的连接螺栓应涂防水胶。

（2）外绝缘清洁，无破损，瓷件与金属法兰浇注面防水胶层完好，法兰排水孔畅通。

（3）新均压电容的安装尺寸和技术参数与原均压电容保持一致。

2.2.1.4　合闸电阻检修

1. 安全注意事项

（1）断开与断路器相关的各类电源并确认无电压，充分释放能量。

（2）合闸电阻拆除前应先将 SF_6 回收并抽真空后，用高纯 N_2 冲洗 3 次。

（3）打开气室后，所有人员应撤离现场 30min 后方可继续工作，工作时人员站在上风侧，穿戴好防护用具。

（4）对户内设备，应先开启强排通风装置 15min，监测工作区域空气中的 SF_6 含量，当 SF_6 含量不超过 $1000\mu L/L$ 且含 O 量大于 18% 时方可进入，工作过程中应当保持通风装置运转。

（5）拆除时应先将合闸电阻用吊绳稳住方可拆除，避免与灭弧室、均压电容等部件碰撞受损，需设置揽风绳控制方向，并设专人指挥。

2. 关键工艺质量控制

（1）施工环境应满足要求，温度不低于5℃（高寒地区参考执行），相对湿度不大于80%，并采取防尘防雨、防潮、防风等措施。

（2）电阻片无裂痕、烧痕和破损，电阻值应符合产品技术规定。

（3）触头表面完好，操作灵活、可靠，接触良好。

（4）螺栓应对称均匀紧固，力矩符合产品技术规定，密封面的连接螺栓应涂防水胶。

（5）外绝缘清洁，无破损，瓷件与金属法兰浇注面防水胶层完好，法兰排水孔畅通。

（6）各部件清洁后应用烘箱进行干燥。无特殊要求时，烘干温度60℃，保持48h。

（7）装复后放置于烘房加温防潮。

（8）断路器主触头与合闸电阻触头的动作配合关系符合产品技术规定。

2.2.1.5　SF_6 回收、抽真空及充气

1. 安全注意事项

（1）回收、充装 SF_6 时，工作人员应在上风侧操作，必要时应穿戴好防护用具。作业环境应保持通风良好，尽量避免和减少 SF_6 泄漏到工作区域。户内作业要求开启通风系统，工作区域空气中 SF_6 含量不得超过 $1000\mu L/L$，含 O 量应大于18%。

（2）抽真空时要有专人负责，应采用出口带有电磁阀的真空处理设备，且在使用前应检查电磁阀动作可靠，防止抽真空设备意外断电造成真空泵油倒灌进入设备中。被抽真空气室附近有高压带电体时，主回路应可靠接地。

（3）抽真空的过程中，严禁对设备进行任何加压试验。

（4）抽真空设备应用经校验合格的指针式或电子液晶式真空计，严禁使用水银真空计，防止抽真空操作不当导致水银被吸入电气设备内部。

（5）从 SF_6 气瓶中排出 SF_6 时，应使用减压阀降压。运输和安装后第一次充气时，充气装置中应包括一个安全阀，以免充气压力过高引起设备损坏。

（6）避免装有 SF_6 的气瓶靠近热源、油污或受阳光暴晒、受潮。

（7）气瓶轻搬轻放，避免受到剧烈撞击。

（8）用过的 SF_6 气瓶应关紧阀门，带上瓶帽。

2. 关键工艺质量控制

（1）回收、抽真空及充气前，检查 SF_6 充放气接口的逆止阀顶杆和阀芯，更换使用过的密封圈。

（2）回收装置、充气装置中的软管和电气设备的充气接头应连接可靠，管路接头连接后抽真空进行密封性检查。

（3）充装 SF_6 时，周围环境的相对湿度应不大于80%。

（4）SF_6 应经检测合格（含水量不高于 $40\mu L/L$、纯度不低于99.9%），充气管道和接头应使用检测合格的 SF_6 进行清洁、干燥处理，充气时应防止空气混入。

（5）气室抽真空及密封性检查应按照厂家要求进行，厂家无明确规定时，抽真空至133Pa 以下并继续抽真空30min，停泵30min，记录真空度（记为 A），再隔5h，记录真空度（记为 B）；若 $B-A<133Pa$，则可认为合格，否则应进行处理并重新抽真空至合格

为止。

（6）选用真空泵的功率等技术参数应能满足气室抽真空的最低要求，管径大小及强度、管道长度、接头口径应与被抽真空的气室大小相匹配。

（7）设备抽真空时，严禁用抽真空的时间长短来估计真空度，抽真空所连接的管路一般不超过 10m。

（8）宜采用气相法充气。

（9）充气速率不宜过快，以充气管道不凝露、气瓶底部不结霜为宜。环境温度较低时，液态 SF_6 不易气化，可对钢瓶加热（不能超过 40℃），提高充气速度。

（10）对使用混合气体的断路器，气体混合比例应符合产品技术规定。

（11）当气瓶内压力降至 0.1MPa 时，应停止充气。充气完毕后，应称钢瓶的质量，以计算断路器内气体的质量，瓶内剩余气体质量应标出。

（12）充气 24h 之后应进行密封性试验。

（13）充气完毕静置 24h 后进行含水量测试、纯度检测，必要时进行气体成分分析。

2.2.1.6　吸附剂更换

1. 安全注意事项

（1）打开气室工作前，应先将 SF_6 回收并抽真空后，用高纯 N_2 冲洗 3 次。

（2）打开气室后，所有人员应撤离现场 30min 后方可继续工作，工作时人员应站在上风侧，应穿戴防护用具。

（3）对户内设备，应先开启强排通风装置 15min，监测工作区域空气中的 SF_6 含量，当 SF_6 含量不超过 $1000\mu L/L$ 且含 O 量大于 18％时方可进入，工作过程中应当保持通风装置运转。

（4）更换旧吸附剂时，应戴防毒面具和使用乳胶手套，避免直接接触皮肤。

（5）旧吸附剂应倒入 20％浓度的 NaOH 溶液内浸泡 12h 后，装入密封容器内深埋。

（6）从烘箱取出烘干的新吸附剂前，应适当降温，并戴隔热防护手套。

2. 关键工艺质量控制

（1）正确选用吸附剂，吸附剂安装罩应使用金属罩或不锈钢罩，吸附剂规格、数量符合产品技术规定。

（2）吸附剂使用前放入烘箱进行活化，温度、时间符合产品技术规定。

（3）吸附剂取出后应立即将新吸附剂装入气室（小于 15min），尽快将气室密封抽真空（小于 30min）。

（4）对于真空包装的吸附剂，使用前真空包装应无破损。

2.2.1.7　传动部件（三联箱、五联箱等）检修

1. 安全注意事项

（1）断开与断路器相关的各类电源并确认无电压，充分释放能量。

（2）打开气室工作前，应先将 SF_6 回收并抽真空后，用高纯 N_2 冲洗 3 次。

（3）打开气室后，所有人员应撤离现场 30min 后方可继续工作，工作时人员应站在上风侧，应穿戴防护用具。

（4）对户内设备，应先开启强排通风装置 15min，监测工作区域空气中的 SF_6 含

量，当 SF$_6$ 含量不超过 $1000\mu L/L$ 且含 O 量大于 18% 时方可进入，工作过程中应当保持通风装置运转。

（5）解体工作前用吸尘器将 SF$_6$ 生成物粉末吸尽，其 SF$_6$ 生成物粉末应倒入 20% 浓度的 NaOH 溶液内浸泡 12h 后，装于密封容器内深埋。

2. 关键工艺质量控制

（1）施工环境应满足要求，温度不低于 $5℃$（高寒地区参考执行），相对湿度不大于 80%，并采取防尘、防雨、防潮、防风等措施。

（2）拆除前应做好螺栓、连杆位置标记，复装后应保持位置一致。

（3）连板、拐臂应无变形，并进行防腐处理；轴、孔、轴承应完好，如有明显的晃动或卡涩等情况须进行修复或更换。

（4）螺扣连接部件应有防松措施。

（5）密封槽面应清洁，无杂质和划痕。

（6）新密封件应完好，已用过的密封件不得重复使用。

（7）涂密封脂时，不得使其流入密封件内侧而与 SF$_6$ 接触。

（8）三联箱或五联箱主导电接触面应进行打磨、清洁处理，并按产品技术规定涂以导电脂。

（9）装复后，应以手力进行模拟试操作，检查装复效果。

（10）传动部件装复后放置于烘房加温防潮。

2.2.1.8 均压环检修

1. 安全注意事项

拆装前应采取可靠措施，防止坠物伤人，损伤设备。

2. 关键工艺质量控制

（1）均压环完好无变形、裂纹和锈蚀，表面光滑。

（2）均压环应安装牢固、平正，宜在最低处打排水孔。

2.2.2 油断路器本体检修

1. 整体拆除安全注意事项

（1）断开与断路器相关的各类电源并确认无电压，充分释放能量。

（2）起吊前应将均压电容等附件拆除或采取其他方式使吊点两侧平衡。

（3）吊装应按照厂家规定程序进行，选择合适的吊装设备和正确的吊点，设置揽风绳控制方向，并设专人指挥。

2. 关键工艺质量控制

拆除应按照厂家规定程序进行。

2.2.3 真空断路器本体检修

1. 整体更换安全注意事项

（1）断开与断路器相关的各类电源并确认无电压，充分释放能量。

（2）吊装应按照厂家规定程序进行，选择合适的吊装设备和正确的吊点，设置揽风绳控制方向，并设专人指挥。

2. 关键工艺质量控制

（1）触头的开距及超行程符合产品技术规定。

（2）波纹管外观无变形、破损和老化。

（3）真空泡壳体清洁，无裂纹和破损。

（4）固定真空泡螺栓无松动。

2.2.4　罐式断路器本体检修

2.2.4.1　整体更换

1. 安全注意事项

（1）断开与断路器相关的各类电源并确认无电压，充分释放能量。

（2）拆除前，应先回收 SF_6，对需打开气室方可拆除的断路器，将本体抽真空后用高纯 N_2 冲洗 3 次。

（3）打开气室后，所有人员应撤离现场 30min 后方可继续工作，工作时人员应站在上风侧，应穿戴防护用具。

（4）对户内设备，应先开启强排通风装置 15min，监测工作区域空气中的 SF_6 含量，当 SF_6 含量不超过 $1000\mu L/L$ 且含 O 量大于 18％时方可进入，工作过程中应当保持通风装置运转。

（5）吊装应按照厂家规定程序进行，选择合适的吊装设备和正确的吊点，设置揽风绳控制方向，并设专人指挥。

（6）起吊角度应与套管安装倾斜角一致。

2. 关键工艺质量控制

（1）施工环境应满足要求，温度不低于 5℃（高寒地区参考执行），相对湿度不大于80％，并采取防尘、防雨、防潮、防风等措施。

（2）要求在合闸状态下运输的灭弧室触头系统（含合闸电阻），到货后现场应检查触头无分闸、移位等异常，三维冲撞记录仪显示正常。

（3）外绝缘清洁，无破损，瓷件与金属法兰浇注面防水胶层完好，法兰排水孔畅通。瓷套管探伤应符合厂家设计或有关技术标准的要求。

（4）安装过程中气室暴露在空气中的时间不应超过厂家规定的最大时间，且本体内部应确保清洁。

（5）密封槽面应清洁，无杂质和划痕。

（6）检查新密封件完好，已用过的密封件不得重复使用。

（7）涂密封脂时，不得使其流入密封件内侧而与 SF_6 接触。

（8）螺栓应对称均匀紧固，力矩符合产品技术规定，密封面的连接螺栓应涂防水胶。

（9）新 SF_6 应经检测合格，充气管道和接头应进行清洁、干燥处理，严禁使用橡皮管、聚氯乙烯等高弹性材质的管道，应使用不锈钢管、铜管或聚四氟乙烯管道，充气时应防止空气混入。

（10）对于现场无需抽真空的 SF_6 断路器，在充气前应检测预充气体的含水量合格。

(11) 本体充气 24h 之后应进行密封性试验。

(12) 充气完毕静置 24h 后进行含水量测试、纯度检测，必要时进行气体成分分析。

(13) 在充气过程中核对并记录 SF_6 密度继电器的动作值，应符合产品技术规定。

(14) 核对并记录断路器本体行程、超行程、开距等机械尺寸，应符合产品技术规定。

2.2.4.2 充气套管（含套管式电流互感器）检修

1. 安全注意事项

(1) 断开与断路器相关的各类电源并确认无电压，充分释放能量。

(2) 拆除前，应先回收 SF_6，将本体抽真空后用高纯 N_2 冲洗 3 次。

(3) 打开气室后，所有人员应撤离现场 30min 后方可继续工作，工作时人员应站在上风侧，应穿戴防护用具。

(4) 对户内设备，应先开启强排通风装置 15min，监测工作区域空气中的 SF_6 含量，当 SF_6 含量不超过 $1000\mu L/L$ 且含 O 量大于 18％时方可进入，工作过程中应当保持通风装置运转。

(5) 吊装应按照厂家规定程序进行，选择合适的吊装设备和正确的吊点，设置揽风绳控制方向，并设专人指挥。

(6) 起吊角度应与套管安装倾斜角一致。

2. 关键工艺质量控制

(1) 施工环境应满足要求，温度不低于 5℃（高寒地区参考执行），相对湿度不大于 80％，并采取防尘、防雨、防潮、防风等措施。

(2) 外绝缘清洁，无破损，瓷件与金属法兰浇注面防水胶层完好，法兰排水孔畅通。瓷套管探伤应符合厂家设计或有关技术标准的要求。

(3) 安装过程中气室暴露在空气中的时间不应超过厂家规定的最大时间，且本体内部应确保清洁。

(4) 导电杆完好，光滑无毛刺，各导电接触面完好无损伤。

(5) 套管电流互感器极性安装正确，绕组绝缘合格。

(6) 密封槽面应清洁，无杂质及划痕。

(7) 新密封件应完好，已用过的密封件不得重复使用。

(8) 涂密封脂时，不得使其流入密封件内侧而与 SF_6 接触。

(9) 螺栓应对称均匀紧固，力矩符合产品技术规定，密封面的连接螺栓应涂防水胶。

(10) 新 SF_6 应经检测合格，充气管道和接头应进行清洁、干燥处理，严禁使用橡皮管、聚氯乙烯等高弹性材质的管道，应使用不锈钢管、铜管或聚四氟乙烯管道，充气时应防止空气混入。

(11) 本体充气 24h 之后应进行密封性试验。

(12) 充气完毕静置 24h 后进行含水量测试、纯度检测，必要时进行气体成分分析。

2.2.4.3 金属罐及灭弧室检修

1. 安全注意事项

(1) 断开与断路器相关的各类电源并确认无电压，充分释放能量。

（2）拆除灭弧室前，应先回收 SF_6，将本体抽真空后用高纯 N_2 冲洗 3 次。

（3）打开气室后，所有人员撤离现场 30min 后方可继续工作，工作时人员站在上风侧，穿戴好防护用具。

（4）对户内设备，应先开启强排通风装置 15min，监测工作区域空气中的 SF_6 含量，当 SF_6 含量不超过 $1000\mu L/L$ 且含 O 量大于 18% 时方可进入，工作过程中应当保持通风装置运转。

（5）工作前先用真空吸尘器将 SF_6 生成物粉末吸尽。

（6）吊装应按照厂家规定程序进行，选择合适的吊装设备和正确的吊点，设置揽风绳控制方向，并设专人指挥。

（7）起吊平稳，对法兰密封面、槽应采取保护措施。

（8）取出的吸附剂及 SF_6 生成物粉末应倒入 20% 浓度的 NaOH 溶液内浸泡 12h 后，装于密封容器内深埋。

2. 关键工艺质量控制

（1）施工环境应满足要求，温度不低于 5℃（高寒地区参考执行），相对湿度不大于 80%，并采取防尘、防雨、防潮、防风等措施。

（2）金属罐内壁及各个部件表面应平整无毛刺，涂漆的漆层应完好，内部应彻底清洁无遗留物品。

（3）喷口烧损深度、喷口内径应小于产品技术规定值，表面光洁，无裂纹。

（4）弧触头烧损深度应小于产品技术规定值，表面光洁。

（5）支撑绝缘件表面完好，无爬电痕迹。

（6）均压电容屏蔽罩应完好。

（7）合闸电阻电阻片无裂痕、烧痕和破损，电阻值应符合产品技术规定。

（8）合闸电阻触头表面完好，操作灵活、可靠，接触良好。

（9）合闸电阻比主触头提前接触距离符合产品技术规定。

（10）动静触头安装时，应完全对中后再进行紧固。

（11）触头拧紧力矩符合要求，触头座、导电杆、喷口组装完好紧固，连接处接缝光洁。

（12）灭弧室的压气缸导电接触面完好无损伤，镀银层无脱落。

（13）压气缸、气缸座表面完好无损伤，逆止阀片与挡板间密封良好，逆止阀应活动自如。

（14）活塞工作表面完好无损伤，活塞杆完好、无弯曲变形。

（15）直动密封装配内部应注入低温润滑脂，并检查密封良好，动作灵活。

（16）导向套及其内部工作面完好、无损伤。

（17）各部件清洁后应用烘箱进行干燥。无特殊要求时，烘干温度 60℃，保持 48h。

（18）密封圈、尼龙垫圈的安装顺序，唇形、V 形密封圈的安装方向符合产品技术规定。

（19）密封槽面应清洁，无杂质和划痕。

（20）新密封件应完好，已用过的密封件不得重复使用。

（21）涂密封脂时，不得使其流入密封件内侧而与 SF_6 接触。

（22）密封件安装过程中防止划伤、过度扭曲或拉伸。

（23）各导电接触面安装符合要求，紧固有防松措施。

（24）灭弧室内部应彻底清洁，吸附剂应更换。

（25）螺栓应对称均匀紧固，力矩符合产品技术规定，密封面的连接螺栓应涂防水胶。

（26）定开距灭弧室的弧触头开距符合产品技术规定。

（27）火弧室装复后放置于烘房加温防潮。

（28）新 SF_6 应经检测合格，充气管道和接头应进行清洁、干燥处理，严禁使用橡皮管、聚氯乙烯等高弹性材质的管道，应使用不锈钢管、铜管或聚四氟乙烯管道，充气时应防止空气混入。

（29）对于现场无需抽真空的 SF_6 断路器，在充气前应检测预充气体的含水量合格。

（30）本体充气24h之后应进行密封性试验。

（31）充气完毕静置24h后进行含水量测试、纯度检测，必要时进行气体成分分析。

（32）核对并记录断路器本体行程、超行程、开距等机械尺寸，应符合产品技术规定。

2.2.5 液压（液压弹簧）操作机构检修

2.2.5.1 整体更换

1. 安全注意事项

（1）工作前应将机构压力充分泄放。

（2）拆除各二次回路前，确认均无电压，并做记录。

（3）拆除机构各连接、紧固件，确认连接部位松动无卡阻，按厂家规定正确吊装设备，设置揽风绳控制方向，并设专人指挥。

2. 关键工艺质量控制

（1）注入的液压油应过滤，确保机构内清洁度。

（2）液压（液压弹簧）操作机构检修后，要充分排净油路中的空气。

（3）校检压力表及 SF_6 密度继电器。

（4）测试并记录机构补压及零启打压时间，符合产品技术规定。

（5）核对并记录预充压力值、启停泵、重合闸闭锁、合闸闭锁、分闸闭锁、零压闭锁、漏氮报警等压力值（行程）数据，数据符合产品技术规定。

（6）进行分合闸位置保压试验，无渗油，试验结果符合产品技术规定。

（7）进行合闸位置防失压慢分试验，试验结果符合产品技术规定。

（8）进行重合闸闭锁试验，测试保护装置与其配合情况。

（9）非全相保护时间继电器校验合格，非全相和防跳试验合格。

（10）核对并记录额定操作顺序机构压力下降值符合产品技术规定。

（11）24h补压次数不得大于产品技术规定。

（12）各二次回路连接正确，绝缘值符合相关技术标准。

（13）检测并记录分、合闸线圈电阻，应符合设备技术文件要求；厂家无明确要求时，初值差应不超过5%。

（14）并联合闸脱扣器在合闸装置额定电源电压的 85％～110％范围内，应可靠动作；并联分闸脱扣器在分闸装置额定电源电压的 65％～110％（直流）或 85％～110％（交流）范围内，应可靠动作；当电源电压低于额定电压的 30％时，脱扣器不应脱扣。记录测试值。

（15）调整测试机构辅助开关转换时间与断路器主触头动作时间之间的配合符合产品技术规定。

（16）电缆、管道排列整齐美观。

（17）核对并记录导电回路触头行程、超行程、开距等机械尺寸，应符合产品技术规定。

（18）应进行机械特性测试，试验数据符合产品技术规定。

（19）加热驱潮装置及控制元件的绝缘应良好，加热器与各元件、电缆及电线之间的距离应大于 50mm。

2.2.5.2　高压油泵（含手力泵）检修

1. 安全注意事项

（1）检修前断开储能电源并确认无电压。

（2）工作前应将机构压力充分泄放。

（3）高压油泵及管道承受压力时不得对任何受压元件进行修理与紧固。

2. 关键工艺质量控制

（1）按照厂家规定工艺要求进行解体与装复，确保清洁。

（2）更换所有密封件，密封良好，无渗漏油。

（3）高、低压逆止阀无变形和损伤等，密封线完好，性能可靠。

（4）柱塞与柱塞座配合良好，运动灵活，密封良好。

（5）油泵内部空间需注满液压油，排净空气后，方可运转工作。

（6）补压及零启打压时间测试应符合产品技术规定。

（7）打压停机后无油泵反转和皮带松动现象。

（8）油泵与电机联轴器内的橡胶缓冲垫松紧适度。

（9）油泵与电机同轴度符合要求。

2.2.5.3　储压器检修

1. 安全注意事项

（1）检修前断开储能电源并确认无电压。

（2）工作前应将机构压力充分泄放。

（3）储压器及管道承受压力时不得对任何受压元件进行修理与紧固。

（4）预储能侧能量释放及充入应采用厂家规定的专用工具及操作程序。

2. 关键工艺质量控制

（1）按照厂家规定工艺要求进行解体与装复，确保清洁。

（2）储压器各部件无锈蚀、变形和卡涩，检查活塞表面镀铬层完整，无损坏。

（3）更换所有密封件，密封良好，无渗漏油和漏气。

（4）检修后充排气阀位置符合产品技术规定。

（5）检查直动密封装配密封良好且动作灵活。

（6）对于设有漏氮报警装置的储压器，漏氮报警装置功能应可靠，绝缘符合相关技术标准要求。

（7）压缩 N_2 位于储压器活塞上部时，活塞上部需注液压油，油位高度符合产品技术规定。

（8）应采用高纯度 N_2（微水含量小于 $5\mu L/L$）进行预充，预充压力（行程）符合产品技术规定。

（9）对于液压弹簧机构，检查碟簧外观无变形，无锈蚀和疲劳迹象。

2.2.5.4 电动机检修

1. 安全注意事项

（1）工作前应断开电机电源并确认无电压。

（2）工作前应将机构压力充分泄放。

2. 关键工艺质量控制

（1）电机绕组电阻值、绝缘值符合相关技术标准要求，并做记录。

（2）电机转动灵活，转速符合产品技术要求。

（3）直流电机换向器状态良好，工作正常可靠。

（4）电机安装牢固，接线正确，工作电流符合产品技术规定。

（5）对电机碳刷进行检查，测量直流电阻。

（6）更换电机底部橡胶缓冲垫。

（7）电机与油泵的同轴度符合要求。

（8）储能电动机应能在 85％～110％ 的额定电压下可靠动作。

2.2.5.5 分、合闸电磁铁装配检修

1. 安全注意事项

（1）工作前应断开分、合闸控制回路电源并确认无电压。

（2）工作前应将机构压力充分泄放。

2. 关键工艺质量控制

（1）按照厂家规定工艺要求进行解体与装复，确保清洁。

（2）检测并记录分、合闸线圈电阻，检测结果应符合设备技术文件要求，无明确要求时，以线圈电阻初值差不超过 5％ 作为判据，绝缘值符合相关技术标准要求。

（3）解体检修电磁铁，打磨锈蚀，修整变形，使用适量低温润滑脂擦拭。

（4）衔铁、扣板、掣子无变形，动作灵活，电磁铁动铁芯运动行程（即空行程）符合产品技术规定。

（5）分、合闸电磁铁安装牢靠。

（6）对于双分闸线圈并列安装的分闸电磁铁，应注意线圈的极性。

（7）并联合闸脱扣器在合闸装置额定电源电压的 85％～110％ 范围内，应可靠动作；并联分闸脱扣器在分闸装置额定电源电压的 65％～110％（直流）或 85％～110％（交流）范围内，应可靠动作；当电源电压低于额定电压的 30％ 时，脱扣器不应脱扣。记录测试值。

2.2.5.6　阀体检修

1. 安全注意事项

（1）阀体及管道承受压力时不得对任何受压元件进行修理与紧固。

（2）工作前应将机构压力充分泄放。

（3）工作前应断开各类电源并确认无电压。

2. 关键工艺质量控制

（1）按照厂家规定工艺要求进行解体与装复，确保清洁。

（2）更换所有密封件，密封良好，无渗漏。

（3）阀体各部件应无锈蚀、变形和卡涩，动作灵活。

（4）各金属密封部位（含合金密封件）完好，密封线、面完好无损，密封性能良好。

（5）对于弹簧压缩密封组件的安装，应采用厂家规定的专用工具及操作程序。

（6）阀体各运动行程符合产品技术规定。

（7）防失压慢分装置功能完备，动作正确可靠。

（8）手动操作方法符合厂家规定，严禁快速冲击操作。

2.2.5.7　工作缸检修

1. 安全注意事项

（1）工作缸承受压力时不得对任何受压元件进行修理与紧固。

（2）工作前应将机构压力充分泄放。

（3）工作前应断开各类电源并确认无电压。

2. 关键工艺质量控制

（1）按照厂家规定工艺要求进行解体与装复，确保清洁。

（2）更换所有密封件，密封良好，无渗漏。

（3）阀体各部件应无锈蚀、变形和卡涩，动作灵活。

（4）各金属密封部位（含合金密封件）完好，密封线、面完好无损，密封性能良好。

（5）对于弹簧压缩密封组件的安装，应采用厂家规定的专用工具及操作程序。

（6）液压机构在慢分、合闸时，工作缸活塞杆运动无卡阻。

（7）直动密封装配应密封良好，动作灵活。

（8）工作缸活塞杆镀铬层应光滑，无划伤、脱落、起层和腐蚀点。

（9）工作缸运动行程符合产品技术规定。

2.2.5.8　压力开关组件（含安全阀）检修

1. 安全注意事项

（1）压力开关组件及管道承受压力时不得对任何受压元件进行修理与紧固。

（2）工作前应将机构压力充分泄放。

（3）断开压力开关相关电源并确认无电压。

（4）使用专用工具及操作程序拆卸或组装预压缩（储能）部件。

2. 关键工艺质量控制

（1）按照厂家规定工艺要求进行解体与装复，确保清洁。

（2）更换所有密封件，密封良好，无渗漏。

（3）紧固件标号符合产品技术规定。

（4）对于采用弹簧管结构的压力开关组件，严禁人为强力改变弹簧管弯曲度。

（5）电子式压力开关组件压力接点动作值在现场只可校验，如需调整须有专用软件和数据转换器通过电脑进行调整。

（6）压力开关组件应无锈蚀、变形和卡涩，动作灵活。

（7）测试并记录压力开关组件动作及返回值（运动行程），应符合产品技术规定。

（8）测试并记录安全阀动作及返回值，应符合产品技术规定。

2.2.5.9 信号缸检修

1. 安全注意事项

（1）信号缸及管道承受压力时不得对任何受压元件进行修理与紧固。

（2）工作前应将机构压力充分泄放。

（3）工作前应断开各类电源并确认无电压。

2. 关键工艺质量控制

（1）按照厂家规定工艺要求进行解体与装复，确保清洁。

（2）更换所有密封件，密封良好，无渗漏。

（3）阀体各部件应无锈蚀、变形和卡涩，动作灵活。

（4）信号缸运动行程符合产品技术规定。

（5）对于弹簧压缩密封组件的安装，应采用厂家规定的专用工具及操作程序。

（6）信号缸传动部件无锈蚀、开裂和变形。

（7）机构辅助开关转换时间与断路器主触头动作时间之间的配合符合产品技术规定。

2.2.5.10 防震容器检修

1. 安全注意事项

（1）防震容器及管道承受压力时不得对任何受压元件进行修理与紧固。

（2）工作前应将机构压力充分泄放。

（3）工作前应断开各类电源并确认无电压。

2. 关键工艺质量控制

（1）按照厂家规定工艺要求进行拆除与装复，确保清洁。

（2）更换所有密封件，密封良好，无渗漏。

（3）防震容器各部件外观完好。

2.2.5.11 低压油箱（含油气分离器、过滤器）检修

1. 安全注意事项

（1）工作前应将机构压力充分泄放。

（2）工作前应断开各类电源并确认无电压。

2. 关键工艺质量控制

（1）按照厂家规定工艺要求进行解体与装复，确保清洁。

（2）更换所有密封件，密封良好，无渗漏。

（3）低压油箱各部件无锈蚀、变形。

（4）低压油箱内无金属碎屑等杂物。

（5）油气分离器及过滤器良好，无部件缺失、堵塞不畅和破损失效等。

2.2.5.12　液压油处理

1. 安全注意事项

（1）注意滤油机进出油方向正确。

（2）工作前应将机构压力充分泄放。

（3）工作前应断开各类电源并确认无电压。

2. 关键工艺质量控制

（1）正确选用厂家规定标号液压油，厂家未作明确要求时，选用的液压油标号及相关性能不得低于 10 号航空液压油标准。

（2）液压油应经过滤清洁、干燥，确认无杂质方可注入机构内使用。

（3）严禁混用不同标号液压油。

（4）注入机构内的液压油油面高度符合产品技术规定。

2.2.5.13　机构箱、汇控柜检修

1. 安全注意事项

（1）工作前断开柜内各类交直流电源并确认无电压。

（2）工作前应将机构压力充分泄放。

2. 关键工艺质量控制

（1）二次回路接线正确规范、接触良好，绝缘值符合相关技术标准要求，并做记录。

（2）接线排列整齐美观，端子螺丝无锈蚀。

（3）同一个接线端子上不得接入 2 根以上导线。

（4）二次元器件无损伤，各种接触器、继电器、微动开关、加热驱潮装置和辅助开关的动作应准确、可靠，接点应接触良好，无烧损和锈蚀。

（5）端子排上相邻端子之间（交直流回路，直流回路正负极，交流回路非同相，分、合闸回路）应有可靠的绝缘措施。

（6）非全相保护时间继电器校验合格，非全相和防跳试验合格。

（7）双控制回路及直流电源回路应相对独立。

（8）对 RC 加速回路进行改造。

（9）电缆孔洞封堵到位，密封良好，温湿度控制装置功能可靠，通风口通风良好。

（10）汇控柜外壳应可靠接地，并符合相关要求。

（11）二次回路传动试验合格，监控系统信号显示正确。

2.2.5.14　SF_6 密度继电器更换

1. 安全注意事项

（1）工作前确认 SF_6 密度继电器与本体之间的阀门已关闭或本体 SF_6 已全部回收，工作人员位于上风侧，做好防护措施。

（2）工作前断开 SF_6 密度继电器相关电源并确认无电压。

2. 关键工艺质量控制

（1）SF_6 密度继电器应校检合格，报警、闭锁功能正常。

（2）SF_6 密度继电器外观完好，无破损和漏油等，防雨罩完好，安装牢固。

（3）SF₆密度继电器及管路密封良好，年漏气率小于0.5%或符合产品技术规定。

（4）电气回路端子接线正确，电气接点切换准确可靠、绝缘电阻符合产品技术规定，并做记录。

（5）带有三通接头的阀门在投入运行前应缓慢打开，确保阀门处于打开位置。

（6）SF₆密度继电器应装设在与断路器本体同一运行环境温度的位置。

（7）户外安装的密度继电器应设置防雨罩，密度继电器防雨罩应能将表、控制电缆接线端十一起放人。

2.2.5.15　压力表更换

1．安全注意事项

（1）必要时应将机构压力充分泄放。

（2）工作前断开压力表相关电源并确认无电压。

2．关键工艺质量控制

（1）压力表应经校检合格方可使用。

（2）压力表外观良好，无破损和泄漏等。

（3）压力表及管路密封良好，更换后24h内无频繁打压现象。

（4）电接点压力表的电气接点切换准确可靠，绝缘值符合相关技术标准要求，并做记录。

2.2.6　气动（气动弹簧）操作机构检修

2.2.6.1　整体更换

1．安全注意事项

（1）工作前应将机构压力充分泄放，将弹簧释能。

（2）拆除各二次回路前，确认均无电压，并做记录。

（3）拆除机构各连接、紧固件，确认连接部位松动无卡阻，采用厂家规定吊装设备，设置揽风绳控制方向，并设专人指挥。

2．关键工艺质量控制

（1）气动弹簧操作机构的基准面应水平，外观周正，与原位置保存一致。

（2）电缆、管道排列整齐美观。

（3）气水分离器及自动排污装置外观完好，运行正常，打开排水阀检查放出的水应不含油污，管道连接牢固，接线正确。

（4）进行保压试验，24h气压降不应超过10%，并做记录。

（5）空压机运转正常，补压及零启打压时间测试符合产品技术规定，并做记录。

（6）空气压力系统的气泵打压，重合闸闭锁，分、合闸闭锁等试验合格，检查核对气压下降值符合产品技术规定，并做记录。

（7）检验气压表及SF₆密度继电器，SF₆气体报警、闭锁值及其控制回路动作应符合产品技术要求，并做记录。

（8）检查防跳装置，在防跳销及弹簧上涂低温润滑脂。

（9）检查防分、合闸误动销已经取出，且慢分、慢合操作无任何卡涩。

（10）进行分闸操作及重合闸操作压力降试验，符合产品技术规定，并做记录。

（11）调整测试机构辅助开关转换时间与断路器主触头动作时间之间的配合符合产品技术规定。

（12）检测并记录分、合闸线圈电阻，检测结果应符合设备技术文件要求，无明确要求时，以线圈电阻初值差不超过 5％作为判据，绝缘值符合相关技术标准要求。

（13）核对并记录导电回路触头行程、超行程、开距等机械尺寸，应符合产品技术规定。

（14）并联合闸脱扣器在合闸装置额定电源电压的 85％～110％范围内，应可靠动作；并联分闸脱扣器在分闸装置额定电源电压的 65％～110％（直流）或 85％～110％（交流）范围内，应可靠动作；当电源电压低于额定电压的 30％时，脱扣器不应脱扣，并做记录。

（15）应进行机械特性测试，试验数据符合产品技术规定。

（16）加热驱潮装置及控制元件的绝缘应良好，加热器与各元件、电缆及电线之间的距离应大于 50mm。

2.2.6.2　空压机检修

1. 安全注意事项

（1）检修前确保断开储能电源并确认无电压。

（2）检修空压机前应释放压缩空气或关闭与储气罐之间的截止阀。

2. 关键工艺质量控制

（1）空压机解体检修应使用清洁油清洗油缸，确保清洁。

（2）对油质、油位进行检查，应满足产品技术规定。

（3）检查并清洗吸气阀；检查阀弹簧无锈蚀，弹性良好。

（4）检查一级和二级缸零部件磨损情况，检查连杆（滚针轴承）与活塞销的配合间隙符合要求。

（5）检查电磁阀和逆止阀动作及泄漏情况。

（6）马达皮带的松紧度合适，检查压缩机打压情况。

（7）空压机解体检修应更换全套密封件。

（8）空压机与储气罐及其压缩空气管道密封面完好。

（9）检查空压机空气滤清器，用压缩空气清理滤芯。

2.2.6.3　电动机检修

1. 安全注意事项

检修前确保断开电机电源及相关设备电源并确认无电压。

2. 关键工艺质量控制

（1）检查轴承、整流子磨损情况，定子与转子间的间隙应均匀，无摩擦，磨损深度不超过规定值。

（2）电机的联轴器、刷架、绕组接线、地角、垫片等关键部位应做好标记，引线做好相序记号，原拆原装。

（3）电机绝缘电阻、绕组直阻符合相关技术标准要求。

（4）直流电机换向器状态良好，工作正常。

（5）电机接线正确，工作电流符合产品技术规定。

（6）储能电动机应能在 85％～110％的额定电压下可靠动作。

2.2.6.4 储气罐及管道检修

1. 安全注意事项

（1）储气罐及管道承受压力时不得对任何受压元件进行修理与紧固。

（2）储气罐及管道检验或检修，应先释放压力后方可进行。

（3）工作前应断开各类电源并确认无电压。

2. 关键工艺质量控制

（1）检查、清洗储气罐的罐体，内外均不得有裂纹等缺陷；密封面应清洁，无划痕，所有密封件应更换。

（2）处理储气罐内部，使其干燥，无油污和锈蚀。

（3）储气罐安全装置、阀门等应清洁、完好、灵敏。

（4）储气罐紧固件齐全、完整、紧固。

（5）进行保压试验，24h 气压降不应超过 10%，并做记录。

2.2.6.5 控制阀检修

1. 安全注意事项

（1）控制阀及管道承受压力时不得对任何受压元件进行修理与紧固。

（2）工作前释放机构能量。

（3）工作前应断开各类电源并确认无电压。

2. 关键工艺质量控制

（1）管道及其相关部件的连接处标记清晰，准确记录。

（2）经检修后的阀体完好，调试合格，密封面应清洁，无划痕。

（3）新更换零部件的高、低压进气阀和排气阀为合格的新品。

（4）阀体动作灵活，装复位置严格按规定进行，各运动行程符合产品技术规定。

（5）分闸控制阀的活塞、阀杆、阀体无变形。锈蚀，密封面应清洁，无划痕。

（6）装复后动作灵活，装配紧固。

（7）检查控制阀装配中的零件如掣子、圆柱销、阀杆、凸轮、导板完好。

（8）密封垫、O 形圈等密封件应全部更换。

2.2.6.6 压力开关检修

1. 安全注意事项

（1）压力开关及管道承受压力时不得对任何受压元件进行修理与紧固。

（2）工作前释放机构能量。

（3）断开压力开关相关电源并确认无电压。

2. 关键工艺质量控制

（1）压力开关应完整无损，紧固件无松动。

（2）压力开关及管道无泄漏。

（3）按规定进行各项压力值试验，并满足相关要求。

2.2.6.7 气缸检修

1. 安全注意事项

（1）气缸及管道承受压力时不得对任何受压元件进行修理与紧固。

（2）工作前释放机构能量。

（3）断开压力开关相关电源并确认无电压。

2. 关键工艺质量控制

（1）检查工作缸缸体内表、活塞及活塞杆外表，活塞杆弯曲度符合要求。

（2）组装气缸，活塞杆运动应灵活，更换全部密封垫。

（3）处理气缸各密封处泄漏点。

（4）处理气缸内表面，应光滑，无划伤痕迹和锈蚀。

（5）气缸工作行程符合产品技术规定。

2.2.6.8　分合闸电磁铁检修

1. 安全注意事项

（1）工作前释放机构能量。

（2）工作前断开各类电源并确认无电压。

2. 关键工艺质量控制

（1）检测并记录分、合闸线圈电阻，检测结果应符合设备技术文件要求，无明确要求时，以线圈电阻初值差不超过 5% 作为判据，绝缘值符合相关技术标准要求。

（2）解体检修电磁铁，无锈蚀、变形，并使用低温润滑脂擦拭。

（3）衔铁、扣板、掣子无变形，动作灵活，电磁铁动铁芯运动行程（即空行程）符合产品技术规定。

（4）分、合闸电磁铁安装牢靠，动作灵活。

（5）对于双分闸线圈并列安装的分闸电磁铁，应注意线圈的极性。

（6）并联合闸脱扣器在合闸装置额定电源电压的 85%～110% 范围内，应可靠动作；并联分闸脱扣器在分闸装置额定电源电压的 65%～110%（直流）或 85%～110%（交流）范围内，应可靠动作；当电源电压低于额定电压的 30% 时，脱扣器不应脱扣，并做记录。

2.2.6.9　油缓冲器检修

1. 安全注意事项

（1）工作前释放机构能量。

（2）工作前应断开各类电源并确认无电压。

2. 关键工艺质量控制

（1）检查缸体内表、活塞外表；缓冲弹簧应无锈蚀，装配后，连接无松动。

（2）处理油缓冲器渗漏点，更换全部密封件。

（3）油缓冲器动作灵活可靠。

（4）缓冲器压缩量应符合产品技术规定。

（5）油位及行程调整符合产品技术规定。

2.2.6.10　传动及限位部件检修

1. 安全注意事项

（1）工作前释放机构能量。

（2）工作前应断开各类电源并确认无电压。

2. 关键工艺质量控制

（1）处理传动及限位部件锈蚀、变形等。

（2）卡、销、螺栓等附件齐全，无松动、变形和锈蚀，转动灵活连接牢固可靠。

（3）转动部分涂抹适合当地气候条件的润滑脂。

（4）检查传动部分的检修，检查传动连杆与转动轴无松动，润滑良好。

（5）检查拐臂和相邻的轴销的连接情况检查。

2.2.6.11　安全阀检修

1. 安全注意事项

（1）安全阀及管道承受压力时不得对任何受压元件进行修理与紧固。

（2）工作前应将机构压力充分泄放。

2. 关键工艺质量控制

（1）安全阀解体检修应更换全套密封件。

（2）解体检查安全阀弹簧等部件无锈蚀和变形。

（3）安全阀动作调整：强行按下电机控制回路中的接触器，强制打压直至安全阀动作泄压，记录安全阀动作压力和复位压力。

（4）安全阀调整后，应将安全阀活塞上的连接锁紧螺帽锁紧。

2.2.6.12　气水分离器检修

1. 安全注意事项

（1）检修气水分离器前应确认剩余压缩空气已完全释放。

（2）断开气水分离器的电源。

2. 关键工艺质量控制

（1）按厂家规定检查气水分离器，清理内部杂质，必要时更换滤芯。

（2）解体检修须更换全部密封件。

（3）空气管道连接处密封良好。

（4）电磁阀动作可靠，复位密封良好。

（5）手动阀门操作灵活。

（6）电源线接线正确，排列美观。

2.2.6.13　机构箱、汇控柜检修

1. 安全注意事项

（1）工作前确认柜内交、直流电源已断开。

（2）解拆线及拆卸元器件需做好相关标记和记录。

2. 关键工艺质量控制

（1）二次回路连接正确，绝缘值符合相关技术标准，接线排列整齐美观，端子无锈蚀，备用线缆头应有防护帽等绝缘防护措施。

（2）柜体封堵到位，密封良好，温湿度控制装置功能可靠，封堵、吊牌、标识完好、可靠。

（3）二次元器件无损伤，各种接触器、继电器、微动开关、加热驱潮装置和辅助开关的动作应准确、可靠，接点应接触良好，无烧损和锈蚀。

（4）非全相保护、防跳时间继电器校验合格，定值正确，进行非全相和防跳试验，动作正确可靠。

（5）辅助开关应安装牢固，应能防止因多次操作松动变位。

（6）辅助开关接点应转换灵活、切换可靠、性能稳定。

（7）辅助开关与机构间的连接应松紧适当、转换灵活，并应能满足通电时间的要求。连接锁紧螺帽应拧紧，并应采取防松措施。

（8）汇控柜外壳应可靠接地，并符合相关要求。

2.2.6.14　SF_6密度继电器更换

1. 安全注意事项

（1）工作前将SF_6密度继电器与本体气室的连接气路断开，确认SF_6密度继电器与本体之间的阀门已关闭或本体SF_6已全部回收，工作人员位于上风侧，做好防护措施。

（2）工作前断开SF_6密度继电器相关电源并确认无电压。

2. 关键工艺质量控制

（1）SF_6密度继电器应校检合格，报警、闭锁功能正常。

（2）SF_6密度继电器外观完好，无破损和漏油等，防雨罩完好，安装牢固。

（3）SF_6密度继电器及管路密封良好，年漏气率小于0.5%或符合产品技术规定。

（4）电气回路端子接线正确，电气接点切换准确可靠，绝缘电阻符合产品技术规定，并做记录。

2.2.6.15　压力表更换

1. 安全注意事项

（1）工作前应将机构压力充分泄放。

（2）工作前断开压力表相关电源并确认无电压。

2. 关键工艺质量控制

（1）使用的压力表应经校检合格方可使用。

（2）压力表外观良好，无破损、泄漏等。

（3）压力表及管路密封良好。

（4）电接点压力表的电气接点切换准确可靠、绝缘值符合相关技术标准要求。

2.2.7　弹簧操作机构检修

2.2.7.1　整体更换

1. 安全注意事项

（1）将分合闸弹簧释能。

（2）拆除各二次回路前，确认均无电压，并做记录。

（3）拆除机构各连接、紧固件，确认连接部位松动无卡阻，采用厂家规定吊装设备，设置揽风绳控制方向，并设专人指挥。

2. 关键工艺质量控制

（1）拆除机构各连接、紧固件，确认连接部位松动无卡阻。

（2）机构在运输和装卸过程中，不得倒置、碰撞或受到剧烈的震动。

（3）新 SF_6 密度继电器应校验合格，报警、闭锁功能正常。

（4）弹簧储能时间、储能时间继电器设置时间符合厂家技术规范，并做记录。

（5）调整测试机构辅助开关转换时间与断路器主触头动作时间之间的配合，使之符合产品技术规范。

（6）操作机构的零部件应齐全，各转动部分应涂以适合当地气候条件的润滑脂。

（7）非全相和防跳功能正常。

（8）断路器远方和就地操作可靠，远方和就地操作之间应有闭锁。

（9）禁止空合闸。合闸弹簧储能完毕后，行程开关应能立即将电动机电源切除。

（10）合闸弹簧储能后，牵引杆的下端或凸轮应与合闸锁扣可靠连锁。

（11）分、合闸闭锁装置动作应灵活，复位应准确而迅速，并应开合可靠。

（12）储能指示及分、合闸指示应正确、明显，动作计数器应动作可靠、正确。计数器不可复归。

（13）检测并记录分、合闸线圈电阻，检测结果应符合设备技术文件要求，无明确要求时，以线圈电阻初值差不超过 5％作为判据，绝缘值符合相关技术标准要求。

（14）并联合闸脱扣器在合闸装置额定电源电压的 85％～110％范围内，应可靠动作；并联分闸脱扣器在分闸装置额定电源电压的 65％～110％（直流）或 85％～110％（交流）范围内，应可靠动作；当电源电压低于额定电压的 30％时，脱扣器不应脱扣，并做记录。

（15）核对并记录导电回路触头行程、超行程、开距等机械尺寸，应符合产品技术规定。

（16）应进行机械特性测试，试验数据符合产品技术规定。

（17）加热驱潮装置及控制元件的绝缘应良好，加热器与各元件、电缆及电线之间的距离应大于 50mm。

（18）电缆、管道排列整齐美观。

2.2.7.2　电动机检修

1. 安全注意事项

（1）检修前确保断开电机电源及相关设备电源并确认无电压。

（2）充分释放分、合闸弹簧能量。

2. 关键工艺质量控制

（1）电动机固定应牢固，电机电源相序接线正确，防止电机反转。

（2）直流电机换向器状态良好，工作正常。

（3）检查轴承、整流子磨损情况，定子与转子间的间隙应均匀，无摩擦，磨损深度不超过规定值。

（4）电机的联轴器、刷架、绕组接线、地角、垫片等关键部位应做好标记，引线做好相序记号，原拆原装。

（5）测量电机绝缘电阻、直流电阻符合相关技术标准要求，并做记录。

（6）储能电动机应能在 85％～110％的额定电压下可靠动作。

2.2.7.3　油缓冲器检修

1. 安全注意事项

（1）工作前释放分合闸弹簧能量。

（2）工作前应断开各类电源并确认无电压。

2. 关键工艺质量控制

（1）油缓冲器无渗漏，油位及行程调整符合产品技术规定，测量缓冲曲线符合要求。

（2）缓冲器动作可靠。操作机构的缓冲器应调整适当，油缓冲器所采用的液压油应与当地的气候条件相适应。

（3）缓冲器压缩量应符合产品技术规定。

（4）缸体内表、活塞外表无划痕，缓冲弹簧进行防腐处理，装配后，连接紧固。

2.2.7.4　齿轮及链条检修

1. 安全注意事项

（1）工作前释放分合闸弹簧能量。

（2）工作前断开储能电源并确认无电压。

2. 关键工艺质量控制

（1）齿轮轴及齿轮的轮齿未损坏，无明显磨损。

（2）齿轮与齿轮间、齿轮与链条间配合间隙符合厂家规定。

（3）传动链条无锈蚀，链条接头的卡簧紧固正常无松动，表面涂抹适合当地气候条件的润滑脂。

2.2.7.5　弹簧检修

1. 安全注意事项

（1）工作前释放分合闸弹簧能量。

（2）工作前断开储能电源并确认无电压。

2. 关键工艺质量控制

（1）检查弹簧自由长度符合厂家规定，应将动作特性试验测试数据作为弹簧性能判据之一。

（2）处理弹簧表面锈蚀，涂抹适合当地气候条件的润滑脂。

2.2.7.6　传动及限位部件检修

1. 安全注意事项

（1）工作前断开各类电源并确认无电压。

（2）释放分、合闸弹簧能量。

2. 关键工艺质量控制

（1）处理传动及限位部件锈蚀、变形等。

（2）卡、销、螺栓等附件齐全，无松动、变形和锈蚀，转动灵活连接牢固可靠，否则应更换。

（3）转动部分涂抹适合当地气候条件的润滑脂。

（4）传动连杆与转动轴无松动，润滑良好。

（5）拐臂和相邻的轴销的连接良好。

2.2.7.7 分合闸电磁铁装配检修

1. 安全注意事项

（1）工作前释放分、合闸弹簧能量。

（2）工作前断开各类电源并确认无电压。

2. 关键工艺质量控制

（1）按照厂家规定工艺要求进行解体与装复，确保清洁。

（2）检测并记录分、合闸线圈电阻，检测结果应符合设备技术文件要求，无明确要求时，以线圈电阻初值差不超过 5% 作为判据，绝缘值符合相关技术标准要求。

（3）解体检修电磁铁，打磨锈蚀，修整变形，使用适量低温润滑脂擦拭。

（4）衔铁、扣板、掣子无变形，动作灵活，电磁铁动铁芯运动行程（即空行程）符合产品技术规定。

（5）分、合闸电磁铁安装牢靠，动作灵活。

（6）对于双分闸线圈并列安装的分闸电磁铁，应注意线圈的极性。

（7）并联合闸脱扣器在合闸装置额定电源电压的 85%～110% 范围内，应可靠动作；并联分闸脱扣器在分闸装置额定电源电压的 65%～110%（直流）或 85%～110%（交流）范围内，应可靠动作；当电源电压低于额定电压的 30% 时，脱扣器不应脱扣，并做记录。

2.2.7.8 SF$_6$ 密度继电器更换

1. 安全注意事项

（1）工作前将 SF$_6$ 密度继电器与本体气室的连接气路断开，确认 SF$_6$ 密度继电器与本体之间的阀门已关闭或本体 SF$_6$ 已全部回收，工作人员位于上风侧，做好防护措施。

（2）工作前断开 SF$_6$ 密度继电器相关电源并确认无电压。

2. 关键工艺质量控制

（1）SF$_6$ 密度继电器应校检合格，报警、闭锁功能正常。

（2）SF$_6$ 密度继电器外观完好，无破损和漏油等，防雨罩完好，安装牢固。

（3）SF$_6$ 密度继电器及管路密封良好，年漏气率小于 0.5% 或符合产品技术规定。

（4）电气回路端子接线正确，电气接点切换准确可靠、绝缘电阻符合产品技术规定，并做记录。

2.2.7.9 机构箱、汇控柜检修

1. 安全注意事项

工作前断开柜内相关交直流电源并确认无压。

2. 关键工艺质量控制

（1）二次回路连接正确，绝缘值符合相关技术标准，并做记录。

（2）接线排列整齐美观，端子无锈蚀。

（3）柜体封堵到位，密封良好，温湿度控制装置功能可靠，检查封堵、吊牌、标识正确完好。

（4）二次元器件无损伤，各种接触器、继电器、微动开关、加热驱潮装置和辅助开关的动作应准确、可靠，接点应接触良好，无烧损和锈蚀。

（5）非全相保护、防跳时间继电器校验合格，定值正确，进行非全相和防跳试验，动作正确可靠。

（6）辅助开关应安装牢固，应能防止因多次操作松动变位。

（7）辅助开关接点应转换灵活、切换可靠、性能稳定。

（8）辅助开关与机构间的连接应松紧适当、转换灵活，并应能满足通电时间的要求。

（9）汇控柜外壳应可靠接地，并符合相关要求。

2.2.8　电磁操作机构检修

2.2.8.1　整体更换

1. 安全注意事项

（1）工作前应断开相关交、直流电源并确认无电压。

（2）工作前应将弹簧释能。

（3）拆除机构各连接、紧固件，确认连接部位松动无卡阻，按厂家规定正确吊装设备，设置揽风绳控制方向，并设专人指挥。

2. 关键工艺质量控制

（1）按厂家要求的顺序拆卸电磁操作机构。

（2）电磁操作机构安装牢固，传动部件连接完好，二次回路接线正确。

（3）检查分闸铁芯、行程、冲程及分闸连杆死点尺寸符合相关规定。

（4）合闸电磁铁线圈通流时的端电压为操作电压额定值的 80%（关、合峰值电流不小于 50kA 时为 85%）时应可靠动作；并联分闸脱扣器在分闸装置额定电源电压的 65%～110%（直流）或 85%～110%（交流）范围内，应可靠动作；当电源电压低于额定电压的 30% 时，脱扣器不应脱扣，并做记录。

（5）应进行机械特性测试，试验数据符合产品技术规定。

（6）加热驱潮装置及控制元件的绝缘应良好，加热器与各元件、电缆及电线之间的距离应大于 50mm。

2.2.8.2　合闸线圈（含直流接触器）检修

1. 安全注意事项

（1）断开与合闸线圈相关的电源并确认无电压。

（2）工作前应充分释放所储能量。

2. 关键工艺质量控制

（1）直流接触器、合闸线圈外观完好，直流阻值及绝缘值符合相关技术标准。

（2）直流接触器、合闸线圈接线正确，按要求处理接触面。

（3）合闸线圈内铜套光滑无锈蚀，与合闸铁芯间隙配合符合相关标准。

2.2.8.3　分闸电磁铁检修

1. 安全注意事项

（1）工作前应充分释放所储能量。

（2）断开与分闸电磁铁相关的电源并确认无电压。

2. 关键工艺质量控制

（1）按照厂家规定工艺要求进行解体与装复，确保清洁。

（2）检测并记录分闸线圈电阻，检测结果应符合设备技术文件要求，无明确要求时，以线圈电阻初值差不超过 5% 作为判据，绝缘值符合相关技术标准要求。

（3）解体检修电磁铁，无锈蚀和变形，并使用低温润滑脂擦拭。

（4）衔铁、扣板、掣子无变形，动作灵活，电磁铁动铁芯运动行程（即空行程）符合产品技术规定。

（5）分闸电磁铁安装牢靠。

（6）对于双分闸线圈并列安装的分闸电磁铁，应注意线圈的极性。

（7）并联分闸脱扣器在分闸装置额定电源电压的 65%～110%（直流）或 85%～110%（交流）范围内，应可靠动作；当电源电压低于额定电压的 30% 时，脱扣器不应脱扣，并做记录。

2.2.8.4 传动部件检修

1. 安全注意事项

（1）断开分、合闸电源并确认无电压，工作前应充分释放所储能量。

（2）拆装部件时防止机械伤害。

2. 关键工艺质量控制

（1）连板、拐臂无变形，轴、孔、轴承完好。

（2）卡、销、螺栓等附件齐全，螺栓力矩值满足技术要求。

（3）在转动部分涂抹适合当地气候条件的润滑脂。

2.2.9 机构二次回路检修

1. 安全注意事项

（1）断开与断路器相关的各类电源并确认无电压。

（2）拆下的控制回路及电源线头所作标记正确、清晰、牢固，防潮措施可靠。

（3）对于储能型操作机构，工作前应充分释放所储能量。

2. 关键工艺质量控制

（1）二次接线排列应整齐美观，二次接线端子紧固。

（2）分、合闸控制回路以及其他二次回路的绝缘电阻合格。

（3）分、合闸线圈电阻满足符合产品技术要求。

（4）端子螺丝无锈蚀、松动和缺失。

（5）SF_6 密度继电器校验合格，报警、闭锁功能正常。

（6）压力开关的整定值检验合格。

（7）辅助开关及继电器触点接触良好。

（8）加热驱潮装置回路的功能正常。

（9）计数器回路功能正常。

（10）分、合闸回路低电压动作试验合格。

（11）信号回路正常。

（12）防跳、非全相功能正常。

2.2.10 例行检查

1. 安全注意事项

（1）断开与断路器相关的各类电源并确认无电压。

（2）拆下的控制回路及电源线头所作标记正确、清晰、牢固，防潮措施可靠。

（3）工作前应充分释放所储能量。

（4）承压部件承受压力时不得对其进行修理与紧固。

2. 关键工艺质量控制

（1）外绝缘应清洁，无破损，法兰无裂纹，排水孔畅通，胶合面防水胶完好。

（2）均压环无锈蚀和变形，安装牢固、平正，排水孔无堵塞。

（3）SF_6 密度继电器动作值符合产品技术规定。

（4）SF_6 密度继电器指示正常，无漏油，气体无泄漏。

（5）油断路器油位符合产品技术规定。

（6）轴、销、锁扣和机械传动部件无变形和损坏。

（7）操作机构外观完好，无锈蚀，箱体内无凝露和渗水。

（8）按产品技术规定要求对操作机构机械轴承等活动部件进行润滑。

（9）分、合闸线圈电阻检测应符合产品技术规定，无明确要求时，以初值差应不超过 5％作为判据。

（10）储能电动机工作电流及储能时间检测，检测结果应符合产品技术规定。储能电动机应能在 85％～110％ 的额定电压下可靠工作。

（11）辅助回路和控制回路电缆、接地线外观完好，绝缘电阻合格。

（12）缓冲器外观完好，无渗漏。

（13）检查二次元件动作正确、顺畅，无卡涩，防跳和非全相功能正常，连锁和闭锁功能正常。

（14）对于运行 10 年以上的弹簧机构，应通过测试特性曲线来检查其弹簧拉力。

（15）并联合闸脱扣器在合闸装置额定电源电压的 85％～110％ 范围内时应可靠动作；并联分闸脱扣器在分闸装置额定电源电压的 65％～110％（直流）或 85％～110％（交流）范围内时应可靠动作；当电源电压低于额定电压的 30％ 时，脱扣器不应脱扣，并做记录。

（16）对于液（气）压操作机构，还应进行下列各项检查，结果均应符合产品技术规定要求：

1）机构压力表、机构操作压力（气压、液压）整定值和机械安全阀校验。

2）分、合闸及重合闸操作时的压力（气压、液压）下降值校验。

3）在分、合闸位置分别进行液（气）压操作机构的保压试验。

4）液压操作机构及气压操作机构进行防失压慢分试验和非全相试验。

（17）机械特性测试各项试验数据应符合产品技术规定。

2.3 常见问题及整改措施

2.3.1 连接法兰和连接螺栓锈蚀、出现油漆变色及脱落现象

【问题描述】连接法兰和连接螺栓锈蚀，如图2-1所示。

【违反条款】操作机构外观完好，无锈蚀，箱体内无凝露和渗水。

【整改措施】更换锈蚀螺栓，如图2-2所示。

图2-1 连接法兰和连接螺栓锈蚀　　图2-2 连接法兰和连接螺栓无锈蚀

2.3.2 本体支架、连接法兰锈蚀

【问题描述】断路器本体连接支架、法兰螺栓锈蚀，如图2-3所示。

【违反条款】操作机构外观完好，无锈蚀，箱体内无凝露和渗水。

【整改措施】对支架进行防腐处理，对锈蚀螺栓进行更换，如图2-4所示。

2.3.3 接地引下线锈蚀

【问题描述】接地引下线连接螺栓锈蚀，如图2-5所示。

【违反条款】操作机构外观完好，无锈蚀，箱体内无凝露和渗水。

【整改措施】结合停电检修对有锈蚀的接地引线线连接螺栓进行更换处理，如图2-6所示。

2.3.4 接地引下线标识起皮脱落

【问题描述】接地引下线标识漆存在起皮、脱落现象，如图2-7所示。

图 2-3 法兰螺栓锈蚀　　　　　　　　图 2-4 法兰螺栓无锈蚀

图 2-5 接地引下线连接螺栓锈蚀　　　图 2-6 接地引下线连接螺栓无锈蚀

【违反条款】辅助回路和控制回路电缆、接地线外观完好，绝缘电阻合格。

【整改措施】增加引下线标识漆或贴膜，如图 2-8 所示。

2.3.5 瓷套管表面脏污、不清洁

【问题描述】瓷套管表面不清洁，存在破损、裂纹和放电痕迹，如图 2-9 所示。

图 2-7 接地引下线标识漆脱落　　　　图 2-8 接地引下线标识漆显示清晰

【违反条款】外绝缘清洁，无破损，瓷件与金属法兰浇注面防水胶层完好，法兰排水孔畅通。

【整改措施】及时清理瓷套管表面，对存在破损、裂纹、放电痕迹的瓷套管进行更换，如图 2-10 所示。

2.3.6　压力表指示窗口模糊

【问题描述】压力表指示窗口模糊，难以查看实际情况，如图 2-11 所示。

【违反条款】SF_6 密度继电器指示正常，表计防震液无渗漏。

【整改措施】及时清理积污严重窗口，对老化的有机玻璃窗进行更换，如图 2-12 所示。

2.3.7　本体及支架存在异物

【问题描述】本体及支架存在异物，如图 2-13 所示。

【违反条款】本体及支架无异物。

【整改措施】及时清理本体及支架存在的异物，如图 2-14 所示。

2.3.8　SF_6 密度继电器压力指示超出允许范围内

【问题描述】SF_6 密度继电器压力指示超出允许范围内，出现偏高、偏低现象，如图 2-15 所示。

【违反条款】SF_6 密度继电器指示正常，表计防震液无渗漏。

【整改措施】对 SF_6 密度继电器压力重新调整，使得 SF_6 密度继电器压力正常。

图 2-9　瓷套表面不清洁

图 2-10　瓷套表面清洁、无破损

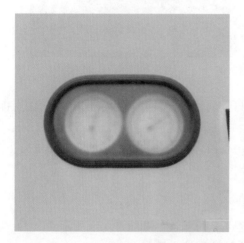

图 2-11　压力表指示窗口模糊

图 2-12　压力表指示窗口清晰

图 2-13　本体及支架存在异物

图 2-14　本体及支架无异物

图 2-15 SF₆ 密度继电器压力指示超出允许范围

图 2-16 SF₆ 密度继电器压力指示正常

2.3.9 断路器操作机构内有凝露

【问题描述】断路器操作机构内有凝露，如图 2-17 所示。

【违反条款】机构箱密封良好，清洁无杂物，无进水受潮，加热驱潮装置功能正常。

【整改措施】对断路器操作机构进行检查，封堵漏水点，如图 2-18 所示。

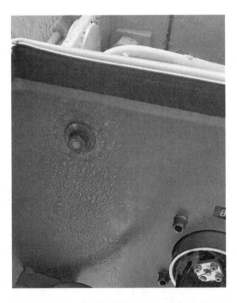

图 2-17 断路器操作机构内有凝露

图 2-18 断路器操作机构内无凝露

2.3.10 断路器分、合闸位置指示不清晰，指示标识脱落

【问题描述】断路器分、合闸位置指示不清晰，出现指示标识脱落现象，如图 2-19

57

所示。

【违反条款】分、合闸到位，指示正确。

【整改措施】更换断路器分、合闸位置指示，如图 2-20 所示。

图 2-19　断路器分、合闸位置指示不清晰　　图 2-20　断路器分、合闸位置指示清晰

2.3.11　传动连杆锈蚀

【问题描述】传动连杆及其他外露零件锈蚀，如图 2-21 所示。

【违反条款】对于三相机械联动断路器，检查相间连杆与拐臂所处位置无异常，连杆接头和连板无裂纹和锈蚀；对于分相操作断路器，检查各相连杆与拐臂相对位置一致。

【整改措施】停电检修时对锈蚀的闭锁连杆进行除锈、防腐处理，如图 2-22 所示。

图 2-21　传动连杆锈蚀　　　　　　　图 2-22　传动连杆无锈蚀

2.3.12 端子排电缆号头、走向标识牌缺失

【问题描述】断路器机构箱内端子排无电缆号头、走向标识牌有缺失现象，如图 2-23 所示。

【违反条款】二次回路连接正确，绝缘值符合相关技术标准，接线排列整齐美观，端子无锈蚀，备用线缆头应有防护帽等绝缘防护措施。

【整改措施】重新标识机构箱内端子排电缆号头、走向标识牌，如图 2-24 所示。

图 2-23 机构箱内端子排无电缆号头　　　　图 2-24 机构箱内端子排电缆号头清晰

2.3.13 机构箱内有异物及脏污

【问题描述】断路器机构箱内有异物及脏污，如图 2-25 所示。

【违反条款】机构箱密封良好，清洁无杂物，无进水受潮，加热驱潮装置功能正常。

【整改措施】及时清理断路器机构箱内异物及脏污，如图 2-26 所示。

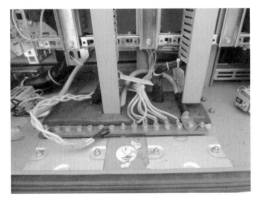 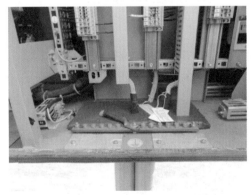

图 2-25 机构箱内有异物和脏污　　　　图 2-26 机构箱内整洁无异物

2.4　典型故障案例

2.4.1　断路器气体泄漏故障

2.4.1.1　断路器极柱漏气

检修人员在对××断路器进行缺陷处理。由于此断路器已发生过 SF_6 低气压告警补气，压力表显示已下降到 0.48MPa，怀疑此断路器存在 SF_6 泄露问题，但一直未查出泄漏点。此次，检修人员携带红外检漏装置，利用消缺机会对开关进行 SF_6 检漏，发现断路器 C 相极柱最上方法兰面存在泄露现象，如图 2-27 和图 2-28 所示。

检修人员先将断路器内 SF_6 回收，戴上防毒面具后打开断路器极柱顶部盖板，密封圈表面呈现脏污状，已被腐蚀，如图 2-29 所示。

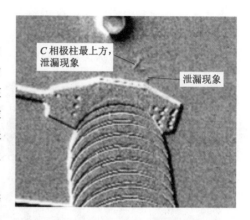

图 2-27　红外检漏仪图像

图 2-28　极柱顶部漏气

图 2-29　密封圈表面呈现脏污状

将密封圈放置槽清理并擦拭干净后，在槽内涂上一层密封脂，放上新的密封圈，在密封圈上再涂抹一层密封脂，并更换内部干燥剂，随后盖上新的顶部盖板并使用力矩扳手将其紧固，如图 2-30 所示。

SF_6 泄漏直接原因为断路器极柱顶部盖板密封圈老化、密封不良。盖板下方有两层密封圈共用一个凹槽，内外层密封圈与盖板压紧位置均出现明显脏污，说明外层密封圈已完全失去密封能力，内层密封圈密封性能也不足。

图 2-30 更换密封圈、干燥剂后盖上新盖板

2.4.1.2 断路器压力表（密度继电器）漏气

某断路器 SF_6 的额定气压 0.7MPa，报警气压 0.62MPa，闭锁气压 0.60MPa。到达现场后检查 SF_6 密度继电器显示压力约 0.61MPa（图 2-31），但数分钟后再次观察密度继电器读数，发现压力变为 0.64MPa，告警值信号复归，当时现场温度约为 20℃，用精密压力表校验气压为 0.64MPa，与第二次观察表记的压力相符，虽未达到报警值，但仍然偏低。

密度继电器指示不准确的原因，考虑为在阳光照射或其他因素的影响下密度继电器温度补偿出现异常，导致测量不准确。

由于密度继电器压力仍然偏低，现场利用红外检漏仪进行了检查，发现 C 相密度继电器存在明显的漏气，如图 2-32 所示。

检修人员同时检查 A、B 相的压力及气体泄漏情况，发现 B 相虽然气压正常（0.7MPa），但也存在十分轻微的漏气。

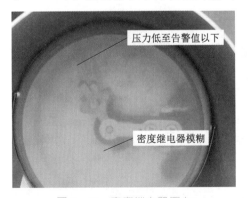

图 2-31 密度继电器压力
偏低至 0.62MPa 以下

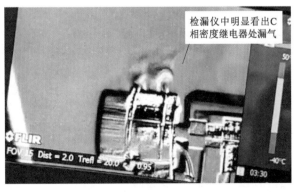

图 2-32 密度继电器检漏

因此判断开关 C 相密度继电器漏气导致 C 相 SF_6 气压偏低引起告警。B 相气压虽然合格，但密度继电器处也有轻微渗漏，若任其发展，B 相压力也将会降低。

现场补气至额定气压 0.7MPa，如图 2-33 所示。

由于彻底处理漏气需要更换密度继电器，更换密度继电器需要结合停电进行，而轻微漏气不影响设备正常运行，因此设备可继续运行，但需加强对其的监视。

故障原因分析：该密度继电器投运时间较长，并且密度继电器运行于户外，有机玻璃老化模糊、难以观察，如图 2-34 所示。因此，内部元器件也必然存在一定程度的老化，导致表记漏气，引起密度继电器压力偏低。

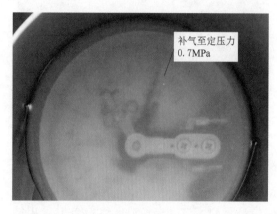

图 2-33　补气至额定气压

图 2-34　变电站运行时间长的密度继电器

2.4.1.3　断路器接头漏气

运维人员巡视时发现 220kV××变××断路器压力偏低，压力 0.58MPa（额定气压 0.64MPa，告警气压 0.54MPa），如图 2-35 所示，检修人员到现场带电对该设备进行了补气，并进行了检漏，发现 B 相极柱底部气管接口有漏气。

用红外成像仪、肥皂泡法等手段，发现该断路器 B 相极柱底部气路接口有漏气，如图 2-36 和图 2-37 所示。

图 2-38 为接头部位结构图。其中，极柱底端接头结构较为复杂，由极柱底部接头、中间接头、接头铜套、气管接头等组成，该接头部位有 2 个密封圈，每个密封圈若发生问题，均会导致该接头漏气。

而根据现场的情况看来，密封圈都存在不同程度的损伤，严重的已经完全失去作用，如图 2-39 所示。因此密封圈损坏是导致接口漏气的主要原因。

现场将所有密封圈全部更换，检漏无渗漏。

图 2-35　压力偏低

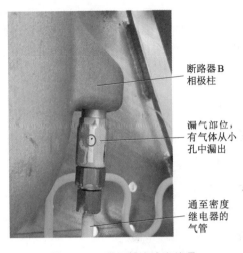

断路器B
相极柱

漏气部位,
有气体从小
孔中漏出

通至密度
继电器的
气管

图2-36　漏气部位检查情况

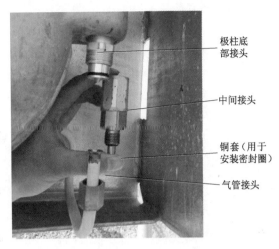

极柱底
部接头

中间接头

铜套(用于
安装密封圈)

气管接头

图2-37　接头结构

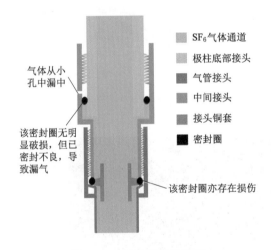

气体从小
孔中漏中

该密封圈无明
显破损,但已
密封不良,导
致漏气

SF₆气体通道

极柱底部接头

气管接头

中间接头

接头铜套

密封圈

该密封圈亦存在损伤

图2-38　接头部位结构图

图2-39　铜套上的密封圈完全破损

故障原因分析:

根据图2-40可以看出,密封圈的一侧与SF₆接触,不易老化,而另一侧与空气直接接触,受温湿度、环境等的等影响较大,表面容易发生老化,即使看上去外观正常,密封圈实质已经发生了劣化。

因此若密封圈保持不动的状态,仍不易发生渗漏,但若密封圈经过上下滑动、压缩等变化,脆弱的平衡被打破,该密封圈将不能起到可靠的密封效果,易发生渗漏。

该断路器停役加装过三通阀,过程中松开过此接头,未更换密封圈直接装回,即使刚装回时无渗漏,密封圈的进一步裂化也终将导致漏气。

因此,在今后的检修中,该类型断路器接头部位只要经过拆卸,必须更换密封圈,否则极易发生漏气的现象。

近段时间来,该类型断路器极柱底部渗漏情况发生较多,这和其接头的结构复杂、设计不合理不无关系。

　　其他型号断路器极柱底端接头采用更加简单的构造，如图 2-41 所示，其中接头没有中间接头、铜套等复杂部件，并使用了 3 个密封圈，因此，只有当 3 个密封圈同时发生渗漏的情况下，接头才会漏气，可靠性好。

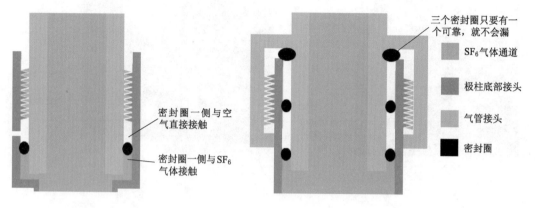

图 2-40　密封圈密封不良原因分析示意图　　　　图 2-41　其他型号接头结构

2.4.2　断路器接线柱过热故障

2.4.2.1　螺栓未紧固过热

　　红外测温发现××断路器接线板过热，如图 2-42 所示。

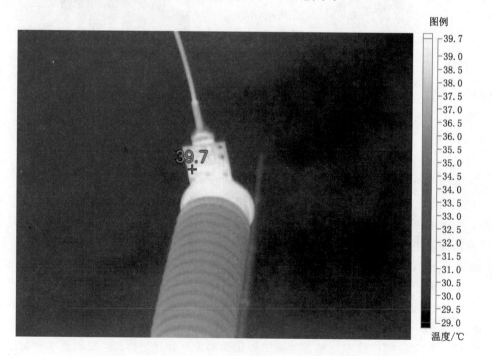

图 2-42　××断路器接线板过热情况

为确认过热原因，检修人员对过热部位的接触电阻进行了测量，发现过热部位接触面电阻高达 $400\mu\Omega$，严重超过正常值（$20\mu\Omega$），在打开接触面处理的过程中，检修人员发现接触面的螺栓并未紧固到位，如图 2-43 所示。

图 2-43 过热接触面以及未紧固螺栓位置

在对其他断路器进行检查时，发现其他开关的接线板接触面也有存在螺栓不紧固的现象，可徒手转动，如图 2-44 所示。

图 2-44 开关未紧固螺栓

随后，对所有检修断路器的接线板进行了检查处理。

未紧固的接线板属于出厂时自带的部件，到现场后基建单位和厂家未再次仔细检查紧固螺栓，验收时也没有发现螺栓未紧固的问题，导致××变断路器存在多处螺栓未紧固导致的接触不良。

2.4.2.2　接触面不良过热

某开关接头过热，停电前对其测量了接头的电阻，见表 2 - 1。

表 2 - 1　　　　　　　　　　　　　　处 理 前 接 触 电 阻　　　　　　　　　　　单位：$\mu\Omega$

相别	A 相	B 相	C 相
接触电阻	1627	44.9	916

将接触面打开，发现接触面导电膏涂抹不均匀，并且存在毛刺，如图 2 - 45 和图 2 - 46 所示，影响了接触面的导电能力。

图 2 - 45　接触面导电膏不均匀

图 2 - 46　接触面毛刺

现场对接触面进行了处理，除去毛刺，重新涂抹导电膏，并涂抹均匀，如图 2 - 47 所示。将接头装回后测量接触面电阻 8.7$\mu\Omega$，阻值合格，如图 2 - 48 所示。

图 2 - 47　接触面处理后

图 2 - 48　接触电阻合格

处理后接触电阻见表 2 - 2。

表 2 - 2　　　　　　　　　　　　　　处 理 后 接 触 电 阻　　　　　　　　　　　单位：$\mu\Omega$

相别	A 相	B 相	C 相
接触电阻	8.7	8.8	7.7

此种类型的过热比较常见，多是由于导电接头处理工艺未到位引起的，作为检修人员，应加强对接头接触面处理工艺的要求，最大限度地减少类似情况的发生。

2.4.3 断路器机构异常故障

2.4.3.1 传动连杆断裂

220kV ××变，一断路器动作后无电流，经检查发现断路器传动连杆断裂，如图 2-49～图 2-51 所示。

图 2-49 断路器处于合闸位置

图 2-50 传动连杆断裂

该断路器主连杆存在材质缺陷，强度达不到要求，在开关分合 84 次后即发生断裂。

该问题为这种型号断路器的通病，后期已经进行了改进：①采用双连杆进行传动；②加强传动连杆的强度。

2.4.3.2 储能异常故障

某断路器现场检查已储能，但后台仍然发未储能信号，经过检查为储能微动开关动作不正确，导致误发未储能信号，如图 2-52所示。

更换微动开关后，信号指示正确，且多次操作均指示正确。

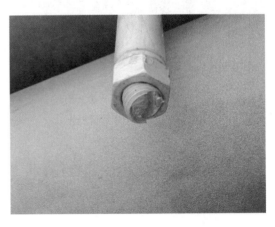

图 2-51 断路器总连杆断裂

2.4.3.3 机构受潮故障

阴雨天气，某运行中的断路器发控制回路断线信号，在机构箱内发现断路器辅助开关上有一副常开节点生锈较为严重，如图 2-53 所示，测得其两端对地电压分别为 -56V 和 $+29\text{V}$（正常的常开接点电压应该相同）。将137、139引线接到由一副接触良好的常开节点引出的端子上，更换后，监控后台显示断路器控制回路断线复归。

检修人员再次检查断路器机构箱，发现机构箱内存在一些受潮痕迹，如图 2-54 所

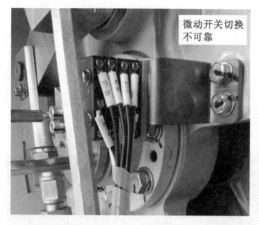

图 2－52　切换不可靠的微动开关

示，无较严重的进水或凝露现象，且机构箱电缆穿孔封堵良好，加热器工作正常，机构箱门密封外观完好。

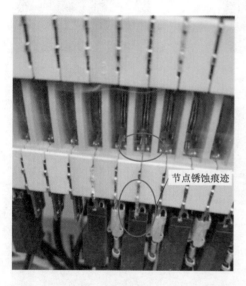

图 2－53　断路器辅助开关上节点锈蚀痕迹

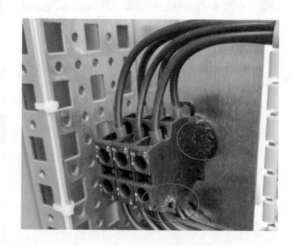

图 2－54　机构箱内受潮霉变痕迹

该问题体现了断路器机构箱内受潮凝露对开关的危害，受潮凝露将会影响断路器机构内元件的正常工作，从而影响继电保护装置工作，此时若发生接地故障，故障部位将不能够及时切除，扩大停电范围。

2.4.3.4　液压机构漏油故障

某断路器液压机构漏油，现场检查为油泵漏油，如图 2－55 所示，液压机构高压油侧密封良好，机构油压正常。

拆开油泵检查密封中间密封圈，如图 2－56 所示，发现有老化现象，泵体安装密封圈的凹槽及平面完好，在凹槽及平面处匀留有密封圈残留物，取出密封圈观察两侧密封圈表

油泵漏油部位

图 2-55　断路器漏油部位

面较毛糙，分析是密封图老化密封不良，引起漏油。

　　油泵出厂年份已久，应对同期产品加强检查，同时建议必要时定期更换油泵。

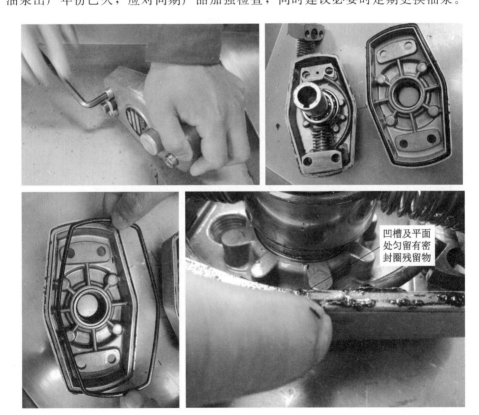

凹槽及平面
处匀留有密
封圈残留物

图 2-56　油泵解体

第3章

GIS 检修

3.1 专业巡视要点

3.1.1 组合电器外观巡视

（1）外壳、支架等无锈蚀、松动和损坏，外壳漆膜无局部颜色加深或烧焦、起皮。

（2）外观清洁，标识清晰、完善。

（3）压力释放装置无异常，其释放出口无障碍物。

（4）接地端子无过热，接触完好。

（5）各类管道及阀门无损伤和锈蚀，阀门的开闭位置正确，管道的绝缘法兰与绝缘支架良好。

（6）盆式绝缘子外观良好，无龟裂和起皮，颜色标识正确。

（7）二次电缆护管无破损和锈蚀，内部无积水。

3.1.2 断路器单元巡视

（1）SF_6 密度值正常，无泄漏。

（2）无异常声响或气味，防松螺母无松动。

（3）分、合闸到位，指示正确。

（4）对于三相机械联动断路器，检查相间连杆与拐臂所处位置无异常，连杆接头和连板无裂纹、锈蚀；对于分相操作断路器，检查各相连杆与拐臂相对位置一致。

（5）拐臂箱无裂纹。

（6）机构内金属部分及二次元器件无腐蚀。

（7）机构箱密封良好，无进水受潮和凝露，加热驱潮装置功能正常。

（8）对于液压、气动机构，分析后台打压频度及打压时长记录，无异常。

（9）对于液压机构，机构内管道、阀门无渗漏油，液压压力指示正常，各功能微动开关触点与行程杆间隙调整无逻辑错误，液压油油位、油色正常。

（10）对于气动机构，气压压力指示正常，空压机油无乳化。

（11）对于弹簧机构，分、合闸脱扣器和动铁芯无锈蚀，机芯固定螺栓无松动，齿轮无破损，啮合深度不少于1/3，挡圈无脱落、轴销无开裂、变形和锈蚀。

（12）加热装置功能正常，按要求投入。

（13）分合闸缓冲器完好，无渗漏油等情况发生。

（14）检查储能电机无异常。

3.1.3 隔离开关单元巡视

（1）SF_6密度值正常，无泄漏。

（2）无异常声响和气味。

（3）分、合闸到位，指示正确。

（4）传动连杆无变形和锈蚀，连接螺栓紧固。

（5）卡、销、螺栓等附件齐全，无锈蚀、变形和缺损。

（6）机构箱密封良好。

（7）机械限位螺钉无变位和松动，符合厂家标准要求。

3.1.4 接地开关单元巡视

（1）SF_6密度值正常，无泄漏。

（2）无异常声响或气味。

（3）分、合闸到位，指示正确。

（4）传动连杆无变形和锈蚀，连接螺栓紧固。

（5）卡、销、螺栓等附件齐全，无锈蚀、变形和缺损。

（6）机构箱密封情况良好。

（7）接地连接良好。

（8）机械限位螺钉无变位和松动，符合厂家标准要求。

3.1.5 电流互感器单元巡视

（1）SF_6密度值正常，无泄漏。

（2）无异常声响或气味。

（3）二次电缆接头盒密封良好。

3.1.6 电压互感器单元巡视

（1）SF_6密度值正常，无泄漏。

（2）无异常声响或气味。

（3）二次电缆接头盒密封良好。

3.1.7　避雷器单元巡视

（1）SF_6 密度值正常，无泄漏。

（2）无异常声响和气味。

（3）放电计数器（在线监测装置）无锈蚀和破损，密封良好，内部无积水，固定螺栓（计数器接地端）紧固，无松动和锈蚀。

（4）泄漏电流不超过规定值的 10％，三相泄漏电流无明显差异。

（5）计数器（在线监测装置）二次电缆封堵可靠，无破损，电缆保护管固定可靠，无锈蚀和开裂。

（6）避雷器与放电计数器（在线监测装置）连接线连接良好，截面积满足要求。

3.1.8　母线单元巡视

（1）SF_6 密度值正常，无泄漏。

（2）无异常声响和气味。

（3）波纹管外观无损伤和变形等异常情况。

（4）波纹管螺柱紧固符合厂家技术要求。

（5）波纹管波纹尺寸符合厂家技术要求。

（6）波纹管伸缩长度裕量符合厂家技术要求。

（7）波纹管焊接处完好，无锈蚀。固定支撑检查无变形和裂纹，滑动支撑位移在合格范围内。

3.1.9　进出线套管、电缆终端单元巡视

（1）SF_6 密度值正常，无泄漏。

（2）无异常声响和气味。

（3）高压引线连接正常，设备线夹无裂纹和过热。

（4）外绝缘无异常放电和闪络痕迹。

（5）外绝缘无破损、裂纹和异物附着，辅助伞裙无脱胶、破损。

（6）均压环无变形、倾斜、破损和锈蚀。

（7）充油部分无渗漏油。

（8）电缆终端与组合电器连接牢固，螺栓无松动。

（9）电缆终端屏蔽线连接良好。

3.1.10　汇控柜巡视

（1）汇控柜外壳接地良好，柜内封堵良好。

（2）汇控柜密封良好，无进水受潮和凝露，加热驱潮装置功能正常。

（3）汇控柜内干净整洁，无变形和锈蚀。

（4）钢化玻璃无裂纹和损伤。

（5）柜内二次元件安装牢固，元件无锈蚀和烧伤过热痕迹。

（6）柜内二次线缆排列整齐美观，接线牢固无松动，备用线芯端部进行绝缘包封。

（7）智能终端装置运行正常，装置的闭锁告警功能和自诊断功能正常。

（8）空调运行正常，温度满足智能装置运行要求。

（9）断路器、隔离开关及接地开关位置指示正确，无异常信号。

（10）带电显示器安装牢固，指示正确。

3.1.11 集中供气系统巡视

（1）空气压缩机油位正常，油位应在油窗 1/2 左右，油质无乳化。

（2）压缩机风扇转动灵活，与储气罐及其压缩空气管道密封完好，传动皮带无开裂和松动等异常。

（3）高压储气罐压力指示正常。

（4）高压储气罐安全装置、阀门等清洁、完好。

（5）空压屏阀门开闭状态满足运行要求。

（6）气水分离器及自动排污装置外观完好，管道连接牢固，接线正确。

3.2 检修关键工艺质量控制要求

3.2.1 间隔整体更换

1. 安全注意事项

（1）断开各类电源并确认无电压，充分释放隔离开关、断路器机构能量。

（2）气动弹簧机构应将气压泄压到零，置于合闸位置；弹簧机构应进行一次合闸—分闸操作，置于分闸位置。

（3）拆除组合电器前，应先回收 SF_6。

（4）对发生过电弧放电的气室和断路器气室，打开前，将本体抽真空后用高纯 N_2 冲洗 3 次。

（5）打开气室封板前，需确认气室内部已降至零压。相邻的气室气体根据各厂家实际情况进行降压或回收处理。

（6）打开气室后，所有人员撤离现场 30min 后方可继续工作，工作时人员站在上风侧，穿戴好防护用具。

（7）对户内设备，应先开启强排通风装置 15min，监测工作区域空气中 SF_6 含量，当 SF_6 含量不超过 $1000\mu L/L$ 且含 O 量大于 18% 时方可进入，工作过程中应当保持通风装置运转。

（8）吊装应按照厂家规定程序进行，选择合适的吊装设备和正确的吊点，设置缆风绳控制方向，并设专人指挥。

（9）起吊前确认连接件已拆除，对接密封面已脱胶。

2. 关键工艺质量控制

（1）施工环境应满足要求，现场环境温度不低于 5℃（高寒地区参考执行），相对湿度不大于 80％，并采取防尘、防雨、防潮措施。

（2）要求在合闸状态下运输的灭弧室触头系统（含合闸电阻），到货后现场应检查设备未出现分闸等异常。

（3）安装过程中气室暴露在空气中的时间不应超过厂家规定的最大时间，在对接、安装过程中应保持气室内部的清洁。

（4）暂时不装配的零部件需做好防尘、防潮处理，避免磕碰、划伤。

（5）导体、绝缘件无划痕、损伤、裂纹和尖角毛刺等缺陷，擦拭绝缘子时沿高电位向低电位单向擦拭。

（6）对接完成后，根据厂家要求调整本体间隔中心水平高度。

（7）插接的导体应对中，并保证插入量符合厂家设计要求。

（8）进行回路电阻测试，数值满足厂家技术要求。

（9）密封槽面应清洁，无杂质和划痕，新密封件完好，已用过的密封件不得重复使用。

（10）涂密封脂时，不得使其流入密封垫（圈）内侧而与 SF_6 接触。

（11）波纹管的螺母紧固方式应符合厂家技术要求，室外设备密封面的连接螺栓应涂防水胶。

（12）法兰螺栓应按对角线位置依次均匀紧固，紧固后的法兰间隙应均匀。

（13）螺栓材质及紧固力矩应符合规定或厂家要求。

（14）底座与基础预埋件焊接要按照厂家技术要求进行。

（15）设备穿墙处应进行防腐处理后再进行封堵。

（16）组合电器真空度符合要求不大于 133Pa，真空处理结束后应检查抽真空管的滤芯是否有油渍，真空保持时间不得少于 5h。

（17）新 SF_6 应经质量监督中心抽检合格，充气管道和接头应进行清洁、干燥处理，严禁使用橡胶管道，充气时应防止空气混入。

（18）充气 24h 之后应进行密封性试验。

（19）充气完毕静置 24h 后进行 SF_6 湿度检测、纯度检测，必要时进行 SF_6 分解产物检测。

（20）在充气过程中核对并记录气体密度继电器及指针式密度表的动作值，应符合产品技术规定。

（21）检查并记录断路器本体行程、超行程、开距等机械尺寸，应符合产品技术规定。

3.2.2　气室及密封面检修

1. 安全注意事项

（1）打开气室前，应先回收 SF_6 并抽真空，对发生放电的气室，应将用高纯 N_2 冲洗 3 次。

（2）打开气室封板前，须确认气室内部已降至零压，相邻的气室根据各厂家实际情况进行降压或回收处理。

（3）打开气室后，所有人员撤离现场 30min 后方可继续工作，工作时人员站在上风侧，穿戴好防护用具。

（4）对户内设备，应先开启强排通风装置 15min，监测工作区域空气中的 SF_6 含量，当 SF_6 含量不超过 $1000\mu L/L$ 且含 O 量大于 18% 时方可进入，工作过程中应当保持通风装置运转。

2. 关键工艺质量控制

（1）施工环境应满足要求，现场环境温度为 $-5\sim40℃$，相对湿度不大于 80%，并采取防尘、防雨、防潮措施。

（2）安装过程中气室暴露在空气中的时间不应超过厂家规定的最大时间，在对接、安装过程中应保持气室内部的清洁。

（3）气室开启后及时用封盖封住法兰孔。

（4）密封槽面应清洁，无杂质和划痕，新密封件完好，已用过的密封件不得重复使用。

（5）涂密封脂时，不得使其流入密封垫（圈）内侧而与 SF_6 接触。

（6）波纹管的螺母紧固方式应符合厂家技术要求，室外设备密封面的连接螺栓应涂防水胶。

（7）法兰螺栓应按对角线位置依次均匀紧固并做好标记，紧固后的法兰间隙应均匀。

（8）螺栓材质及紧固力矩应符合规定或厂家要求。

3.2.3 SF_6 回收、抽真空及充气

1. 安全注意事项

（1）回收、充装 SF_6 时，工作人员应在上风侧操作，必要时应穿戴好防护用具。作业环境应保持通风良好，尽量避免和减少 SF_6 泄漏到工作区域。户内作业要求开启通风系统，工作区域空气中的 SF_6 含量不得超过 $1000\mu L/L$，含氧量应大于 18%。

（2）抽真空时要有专人负责，在真空泵进气口配置电磁阀，防止误操作而引起的真空泵油倒灌。被抽真空气室附近有高压带电体时，主回路应可靠接地。

（3）抽真空及静置过程中，严禁对设备进行任何加压试验及操作。

（4）抽真空设备应用经校验合格的指针式或电子液晶式真空计，严禁使用水银真空计，防止抽真空操作不当导致水银被吸入电气设备内部。

（5）从 SF_6 气瓶中引出 SF_6 时，应使用减压阀降压。运输和安装后第一次充气时，充气装置中应包括一个安全阀，以免充气压力过高引起设备损坏。

（6）避免装有 SF_6 的气瓶靠近热源或受阳光暴晒。

（7）气瓶轻搬轻放，避免受到剧烈撞击。

（8）用过的 SF_6 气瓶应关紧阀门，带上瓶帽。

2. 关键工艺质量控制

（1）回收、抽真空及充气前，检查 SF_6 充放气逆止阀顶杆和阀芯，更换使用过的密

封圈。

（2）回收装置、充气装置中的软管和电气设备的充气接头应连接可靠，管路接头连接后抽真空进行密封性检查。

（3）充装 SF_6 时，周围环境的相对湿度应不大于 80%。

（4）SF_6 应经检测合格（含水量不高于 $40\mu L/L$、纯度不低于 99.8%），充气管道和接头应进行清洁、干燥处理，充气时应防止空气混入。

（5）气室抽真空及密封性检查应按照厂家要求进行，厂家无明确规定时，抽真空至 133Pa 以下并继续抽真空 30min，停泵 30min，记录真空度（记为 A），再隔 5h，记录真空度（记为 B），若 $B-A<133Pa$，则可认为合格，否则应进行处理并重新抽真空至合格为止。

（6）选用真空泵的功率等技术参数应能满足气室抽真空的最低要求，管径大小及强度、管道长度、接头口径应与被抽真空的气室大小相匹配。

（7）设备抽真空时，严禁用抽真空的时间长短来估计真空度，抽真空所连接的管路一般不超过 5m。

（8）对于国产气体，宜采用液相法充气（将钢瓶放倒，底部垫高约 30°），使钢瓶的出口处于液相。对于进口气体，可以采用气相法充气。

（9）充气速率不宜过快，以气瓶底部（充气管）不结霜为宜。环境温度较低时，液态 SF_6 不易气化，可对钢瓶加热（不能超过 40℃），提高充气速度。

（10）对使用混合气体的断路器，气体混合比例应符合产品技术规定。

（11）当气瓶内压力降至 0.1MPa 时应停止充气。充气完毕后，应称钢瓶的质量，以计算断路器内气体的质量，瓶内剩余气体质量应标出。

（12）充气 24h 之后应进行密封性试验。

（13）充气完毕静置 24h 后进行 SF_6 湿度检测、纯度检测，必要时进行 SF_6 分解产物检测。

3.2.4　盆式绝缘子检修

1. 安全注意事项

（1）断开相关的各类电源并确认无电压。

（2）抽真空时要有专人负责，在真空泵进气口配置电磁阀，防止误操作而引起的真空泵油倒灌。被抽真空气室附近有高压带电体时，主回路应可靠接地。

（3）抽真空的过程中，严禁对设备进行任何加压试验。

（4）抽真空设备应用经校验合格的指针式或电子液晶式真空计，严禁使用水银真空计，防止抽真空操作不当导致水银被吸入电气设备内部。

（5）从 SF_6 气瓶中引出 SF_6 时，应使用减压阀降压。运输和安装后第一次充气时，充气装置中应包括一个安全阀，以免充气压力过高引起设备损坏。

（6）避免装有 SF_6 的气瓶靠近热源或受阳光暴晒。

（7）气瓶轻搬轻放，避免受到剧烈撞击。

（8）用过的 SF_6 气瓶应关紧阀门，带上瓶帽。

2. 关键工艺质量控制

（1）打开气室前，应先回收 SF_6 并抽真空，对发生放电的气室，应将用高纯 N_2 冲洗 3 次。

（2）打开气室封板前，需确认气室内部压力已降至零，相邻的气室根据各厂家实际情况进行降压或回收处理。

（3）打开气室后，所有人员撤离现场 30min 后方可继续工作，工作时人员站在上风侧，穿戴好防护用具。

（4）对户内设备，应先开启强排通风装置 15min，监测工作区域空气中的 SF_6 含量，当 SF_6 含量不超过 $1000\mu L/L$ 且含 O 量大于 18％时方可进入，工作过程中应当保持通风装置运转。

（5）盆式绝缘子的嵌件镀银面无划伤、无氧化、无变色。

（6）盆式绝缘子表面无划伤和开裂，表面光滑，绝缘子表面不允许打磨。

（7）带金属外圈的盆式绝缘子间隙内部无尘埃。

（8）清洁绝缘子时使用无毛纸沿高电位向低电位单向擦拭。

（9）插接的导体应对中，插入量符合产品技术规定。

（10）法兰对接时，应采用定位杆先导的方式，并对称均衡紧固法兰。

（11）进行回路电阻测试，数值满足厂家产品技术要求。

（12）回收、抽真空及充气前，检查 SF_6 充放气逆止阀顶杆和阀芯，更换使用过的密封圈。

（13）回收装置、充气装置中的软管和电气设备的充气接头应连接可靠，管路接头连接后抽真空进行密封性检查。

（14）充装 SF_6 时，周围环境的相对湿度应不大于 80％。

（15）SF_6 应经检测合格（含水量不高于 $40\mu L/L$、纯度不低于 99.8％），充气管道和接头应进行清洁、干燥处理，充气时应防止空气混入。

（16）气室抽真空及密封性检查应按照厂家要求进行，厂家无明确规定时，抽真空至 133Pa 以下并继续抽真空 30min，停泵 30min，记录真空度（记为 A），再隔 5h，读真空度（记为 B），若 $B-A<133Pa$，则可认为合格，否则应进行处理并重新抽真空至合格为止。

（17）选用真空泵的功率等技术参数应能满足气室抽真空的最低要求，管径大小及强度、管道长度、接头口径应与被抽真空的气室大小相匹配。

（18）设备抽真空时，严禁用抽真空的时间长短来估计真空度，抽真空所连接的管路一般不超过 5m。

（19）对于国产气体，宜采用液相法充气（将钢瓶放倒，底部垫高约 30°），使钢瓶的出口处于液相。对于进口气体，可以采用气相法充气。

（20）充气速率不宜过快，以气瓶底部不结霜为宜。环境温度较低时，液态 SF_6 不易气化，可对钢瓶加热（不能超过 40℃），提高充气速度。

（21）对使用混合气体的断路器，气体混合比例应符合产品技术规定。

（22）当气瓶内压力降至 0.1MPa 时，应停止充气。充气完毕后，应称钢瓶的质量，以计算断路器内气体的质量，瓶内剩余气体质量应标出。

（23）充气 24h 之后应进行密封性试验。

（24）充气完毕静置 24h 后进行 SF_6 湿度检测、纯度检测，必要时进行 SF_6 分解产物检测。

3.2.5　波纹管检修

1. 安全注意事项

（1）断开相关的各类电源并确认无电压。

（2）打开气室前，应先回收 SF_6 并抽真空，对发生放电的气室，应将用高纯 N_2 冲洗 3 次。

（3）打开气室封板前，需确认气室内部压力已降至零，相邻的气室根据各厂家实际情况进行降压或回收处理。

（4）打开气室后，所有人员撤离现场 30min 后方可继续工作，工作时人员站在上风侧，穿戴好防护用具。

（5）对户内设备，应先开启强排通风装置 15min，监测工作区域空气中的 SF_6 含量，当 SF_6 含量不超过 $1000\mu L/L$ 且含 O 量大于 18％时方可进入，工作过程中应当保持通风装置运转。

（6）回收、充装 SF_6 时，工作人员应在上风侧操作，必要时应穿戴好防护用具。作业环境应保持通风良好，尽量避免和减少 SF_6 泄漏到工作区域。户内作业要求开启通风系统，工作区域空气中 SF_6 含量不得超过 $1000\mu L/L$，含 O 量应大于 18％。

（7）抽真空时要有专人负责，在真空泵进气口配置电磁阀，防止误操作而引起的真空泵油倒灌。被抽真空气室附近有高压带电体时，主回路应可靠接地。

（8）抽真空的过程中，严禁对设备进行任何加压试验。

（9）抽真空设备应用经校验合格的指针式或电子液晶式真空计，严禁使用水银真空计，防止抽真空操作不当导致水银被吸入电气设备内部。

（10）从 SF_6 气瓶中引出 SF_6 时，应使用减压阀降压。运输和安装后第一次充气时，充气装置中应包括一个安全阀，以免充气压力过高引起设备损坏。

（11）避免装有 SF_6 的气瓶靠近热源或受阳光暴晒。

（12）气瓶轻搬轻放，避免受到剧烈撞击。

（13）用过的 SF_6 气瓶应关紧阀门，带上瓶帽。

2. 关键工艺质量控制

（1）施工环境应满足要求，现场环境温度为 $-5\sim40℃$，相对湿度不大于 80％，并采取防尘、防雨、防潮措施。

（2）安装过程中气室暴露在空气中的时间不应超过厂家规定的最大时间，在对接、安装过程中应保持气室内部的清洁。

（3）气室开启后及时用封盖封住法兰孔。

（4）密封槽面应清洁，无杂质和划痕，新密封件完好，已用过的密封件不得重复使用。

（5）涂密封脂时，不得使其流入密封垫（圈）内侧而与 SF_6 接触。

（6）波纹管的螺母紧固方式应符合厂家技术要求，室外设备密封面的连接螺栓应涂防水胶。

（7）法兰螺栓应按对角线位置依次均匀紧固并做好标记，紧固后的法兰间隙应均匀。

（8）螺栓材质及紧固力矩应符合规定或厂家要求。

（9）波纹管外观无损伤、变形等异常情况。

（10）波纹管波纹尺寸符合厂家技术要求。

（11）波纹管伸缩长度裕量符合厂家技术要求，波纹管应伸缩自如。

（12）安装过程中波纹管压缩长度符合厂家技术要求。

（13）插接的导体应对中，并保证插入量符合厂家设计要求。

（14）导体安装后应进行回路电阻测试。

（15）清洁波纹管安装对接面，波纹管的螺母紧固方式应符合厂家的技术要求。

（16）回收、抽真空及充气前，检查 SF_6 充放气逆止阀顶杆和阀芯，更换使用过的密封圈。

（17）回收装置、充气装置中的软管和电气设备的充气接头应连接可靠，管路接头连接后抽真空进行密封性检查。

（18）充装 SF_6 时，周围环境的相对湿度应不大于80％。

（19）SF_6 应经检测合格（含水量不高于 $40\mu L/L$、纯度不低于99.8％），充气管道和接头应进行清洁、干燥处理，充气时应防止空气混入。

（20）气室抽真空及密封性检查应按照厂家要求进行，厂家无明确规定时，抽真空至 133Pa 以下并继续抽真空 30min，停泵 30min，记录真空度（记为 A），再隔 5h，读真空度（记为 B），若 $B-A<133Pa$，则可认为合格，否则应进行处理并重新抽真空至合格为止。

（21）选用真空泵的功率等技术参数应能满足气室抽真空的最低要求，管径大小及强度、管道长度、接头口径应与被抽真空的气室大小相匹配。

（22）设备抽真空时，严禁用抽真空的时间长短来估计真空度，抽真空所连接的管路一般不超过 5m。

（23）对于国产气体，宜采用液相法充气（将钢瓶放倒，底部垫高约 $30°$），使钢瓶的出口处于液相。对于进口气体，可以采用气相法充气。

（24）充气速率不宜过快，以气瓶底部不结霜为宜。环境温度较低时，液态 SF_6 不易气化，可对钢瓶加热（不能超过 $40℃$），提高充气速度。

（25）对使用混合气体的断路器，气体混合比例应符合产品技术规定。

（26）当气瓶内压力降至 0.1MPa 时，应停止充气。充气完毕后，应称钢瓶的质量，以计算断路器内气体的质量，瓶内剩余气体质量应标出。

（27）充气 24h 之后应进行密封性试验。

（28）充气完毕静置 24h 后进行 SF_6 湿度检测、纯度检测，必要时进行 SF_6 分解产物检测。

3.2.6　压力释放装置检修

1. 安全注意事项

（1）气室压力应在额定压力范围之内，工作人员不得在压力释放装置的泄压方向。

（2）压力释放装置故障后，对户内设备，应立即开启全部通风系统，工作人员根据事故情况，佩戴防毒面具或氧气呼吸器，进入现场进行处理。

（3）防爆膜破裂喷出的粉末应用吸尘器吸尽。

（4）打开气室前，应先回收 SF_6 并抽真空，对发生放电的气室，应将用高纯 N_2 冲洗 3 次。

（5）打开气室封板前，需确认气室内部已降至零压，相邻的气室根据各厂家实际情况进行降压或回收处理。

（6）打开气室后，所有人员撤离现场 30min 后方可继续工作，工作时人员站在上风侧，穿戴好防护用具。

（7）对户内设备，应先开启强排通风装置 15min，监测工作区域空气中的 SF_6 含量，当 SF_6 含量不超过 $1000\mu L/L$ 且含 O 量大于 18％时方可进入，工作过程中应当保持通风装置运转。

（8）回收、充装 SF_6 时，工作人员应在上风侧操作，必要时应穿戴好防护用具。作业环境应保持通风良好，尽量避免和减少 SF_6 泄漏到工作区域。户内作业要求开启通风系统，工作区域空气中 SF_6 含量不得超过 $1000\mu L/L$，含 O 量应大于 18％。

（9）抽真空时要有专人负责，在真空泵进气口配置电磁阀，防止误操作而引起的真空泵油倒灌。被抽真空气室附近有高压带电体时，主回路应可靠接地。

（10）抽真空的过程中，严禁对设备进行任何加压试验。

（11）抽真空设备应用经校验合格的指针式或电子液晶式真空计，严禁使用水银真空计，防止抽真空操作不当导致水银被吸入电气设备内部。

（12）从 SF_6 气瓶中引出 SF_6 时，应使用减压阀降压。运输和安装后第一次充气时，充气装置中应包括一个安全阀，以免充气压力过高引起设备损坏。

（13）避免装有 SF_6 的气瓶靠近热源或受阳光暴晒。

（14）气瓶轻搬轻放，避免受到剧烈撞击。

（15）用过的 SF_6 气瓶应关紧阀门，带上瓶帽。

2. 关键工艺质量控制

（1）施工环境应满足要求，现场环境温度为 -5～40℃，相对湿度不大于 80％，并采取防尘、防雨、防潮措施。

（2）安装过程中气室暴露在空气中的时间不应超过厂家规定的最大时间，在对接、安装过程中应保持气室内部的清洁。

（3）气室开启后及时用封盖封住法兰孔。

（4）密封槽面应清洁，无杂质和划痕，新密封件完好，已用过的密封件不得重复使用。

（5）涂密封脂时，不得使其流入密封垫（圈）内侧而与 SF_6 接触。

（6）波纹管的螺母紧固方式应符合厂家技术要求，室外设备密封面的连接螺栓应涂防水胶。

（7）法兰螺栓应按对角线位置依次均匀紧固并做好标记，紧固后的法兰间隙应均匀。

（8）螺栓材质及紧固力矩应符合规定或厂家要求。

（9）压力释放装置外观良好、无异常。

（10）技术特性（设计爆破压力、爆破压力允差、泄漏口径等）满足技术要求，铭牌标识正确。

（11）装置及夹持片同轴度满足要求。

（12）压力释放装置安装方向正确，释放通道无障碍物，泄压方向不得朝向巡视通道。

（13）回收、抽真空及充气前，检查 SF_6 充放气逆止阀顶杆和阀心，更换使用过的密封圈。

（14）回收装置、充气装置中的软管和电气设备的充气接头应连接可靠，管路接头连接后抽真空进行密封性检查。

（15）充装 SF_6 时，周围环境的相对湿度应不大于 80％。

（16）SF_6 应经检测合格（含水量不高于 $40\mu L/L$、纯度不低于 99.8％），充气管道和接头应进行清洁、干燥处理，充气时应防止空气混入。

（17）气室抽真空及密封性检查应按照厂家要求进行，厂家无明确规定时，抽真空至 133Pa 以下并继续抽真空 30min，停泵 30min，记录真空度（记为 A），再隔 5h，读真空度（记为 B），若 $B-A<133Pa$，则可认为合格，否则应进行处理并重新抽真空至合格为止。

（18）选用真空泵的功率等技术参数应能满足气室抽真空的最低要求，管径大小及强度、管道长度、接头口径应与被抽真空的气室大小相匹配。

（19）设备抽真空时，严禁用抽真空的时间长短来估计真空度，抽真空所连接的管路一般不超过 5m。

（20）对于国产气体，宜采用液相法充气（将钢瓶放倒，底部垫高约 30°），使钢瓶的出口处于液相。对于进口气体，可以采用气相法充气。

（21）充气速率不宜过快，以气瓶底部不结霜为宜。环境温度较低时，液态 SF_6 不易气化，可对钢瓶加热（不能超过 40℃），提高充气速度。

（22）对使用混合气体的断路器，气体混合比例应符合产品技术规定。

（23）当气瓶内压力降至 0.1MPa 时，应停止充气。充气完毕后，应称钢瓶的质量，以计算断路器内气体的质量，瓶内剩余气体质量应标出。

（24）充气 24h 之后应进行密封性试验。

（25）充气完毕静置 24h 后进行 SF_6 湿度检测、纯度检测，必要时进行 SF_6 分解产物检测。

3.2.7 接地装置检修

1. 安全注意事项

（1）接地极与地网焊接时做好防火措施。

（2）电源接取安全注意事项，电焊机接地良好，严禁通过 GIS 外壳接地。

2. 关键工艺质量控制

（1）外壳接地良好，接地无锈蚀、变形，无过热迹象，接地点的接地符号明显。

（2）外壳、构架等的电气连接应采用紧固连接（如螺栓连接或焊接）。

（3）接地线与接地极的连接应用焊接，接地线与电气设备的连接可用螺栓或焊接，用螺栓连接时应设防松螺帽或防松垫片。

（4）螺栓材质及紧固力矩应符合规定或厂家要求。

（5）接地线外表面按照工艺要求涂刷黄绿相间的纹。

（6）外壳间跨接，垫片应破漆处理。

（7）跨接波纹管两端的导通导体长度留有裕度。

（8）接地装置满足动热稳定性要求。

3.2.8　集中供气系统检修

1. 安全注意事项

（1）检修前确保断开储能电源及气水分离装置电源并确认无电压。

（2）检修时应避开空压机安全阀泄压通道。

（3）检修空压机前应释放压缩空气或关闭与储气罐之间的截止阀。

（4）工作前应充分泄放气体压力。

（5）储气罐、安全阀、管道等部件承受压力时不得对受压元件进行修理与紧固。

（6）建压前检查储气罐及气路管道等连接处已可靠紧固。

2. 关键工艺质量控制

（1）空压机与储气罐及其压缩空气管道密封面完好。

（2）空压机解体检修应更换全套密封件，使用清洁油清洗油缸，检查并清洗吸气阀。

（3）空压机一级和二级缸零部件磨损符合要求，连杆（滚针轴承）与活塞销的配合间隙符合要求。

（4）空压机电磁阀和逆止阀动作正常，无泄漏，马达皮带的松紧度合适，皮带轮方向符合厂家要求。

（5）空压机检修时应更换空压机油，更换专用空压机油时，需将压力泄至 0.1MPa。

（6）滤芯应清洁，必要时进行更换。

（7）储气罐安全装置、阀门等清洁、完好、灵敏，紧固件齐全、完整、紧固、可靠。

（8）解体检修气水分离装置应检查气水分离装置空气管道连接处密封良好，电磁排水阀动作可靠，复位密封良好，手动阀门操作灵活。

（9）电机检修时应检查电机轴承、整流子磨损情况，定子与转子间的间隙应均匀，无摩擦，磨损深度不超过规定值，否则应更换。

（10）电机绝缘电阻、直流电阻符合相关技术标准要求，直流电机换向器状态良好，工作正常。

（11）检修后进行打压效率、储能情况等性能测试，功能正常。

3.2.9　吸附剂更换

1. 安全注意事项

（1）打开气室工作前，应先将 SF_6 回收并抽真空后，用高纯 N_2 冲洗 3 次。

（2）打开气室后，所有人员应撤离现场 30min 后方可继续工作，工作时人员应站在上风侧，应穿戴防护用具。

（3）对户内设备，应先开启强排通风装置 15min，监测工作区域空气中的 SF_6 含量，当 SF_6 含量不超过 1000μL/L 且含 O 量大于 18%时方可进入，工作过程中应当保持通风装置运转。

（4）更换旧吸附剂时，应穿戴好乳胶手套，避免直接接触皮肤。

（5）旧吸附剂应倒入 20%浓度的 NaOH 溶液内浸泡 12h 后，装于密封容器内深埋。

（6）从烘箱取出烘干的新吸附剂前，应适当降温，并戴隔热防护手套。

2. 关键工艺质量控制

（1）正确选用吸附剂，吸附剂规格、数量符合产品技术规定。

（2）吸附剂使用前放入烘箱进行活化，温度、时间符合产品技术规定。

（3）吸附剂取出后应立即装入气室（小于 15min），尽快将气室密封抽真空（小于 30min）。

（4）对于真空包装的吸附剂，使用前真空包装应无破损，如存在破损进气，应放入烘箱重新进行活化处理。

3.2.10 SF_6 密度继电器检修

1. 安全注意事项

（1）工作前将 SF_6 密度继电器与本体气室的连接气路断开，确认 SF_6 密度继电器与本体之间的阀门已关闭或本体 SF_6 已全部回收，工作人员立于上风侧，做好防护措施。

（2）工作前断开 SF_6 继电器相关电源并确认无电压。

2. 关键工艺质量控制

（1）SF_6 密度继电器采用防震型，应校检合格，报警、闭锁功能正常。

（2）SF_6 密度继电器外观完好，无破损和漏油等，防雨罩完好，安装牢固，航空接线插头密封良好。

（3）SF_6 密度继电器及管路密封良好，漏气率符合产品技术规定。

（4）电气回路端子接线正确，电气接点切换准确可靠，绝缘电阻符合产品技术规定，并做记录。

（5）SF_6 密度继电器检修完毕后，检查连接螺栓是否紧固，各阀门开闭方向是否正确。

3.3 常见问题及整改措施

3.3.1 相序标识不清晰

【问题描述】设备本体无相序标识，相色脱色不清晰，相序被遮挡等，如图 3－1 所示。

【违反条款】外观清洁，标识清晰、完善。

【整改措施】增加明显的相序标识，对脱色位置重新进行粉刷，如图 3-2 所示。

图 3-1　设备本体相序标识脱色　　　　图 3-2　设备本体相序标识清晰

3.3.2　连接法兰锈蚀、油漆脱落

【问题描述】本体连接法兰锈蚀、油漆脱落，如图 3-3 所示。

【违反条款】外壳、支架等无锈蚀、松动和损坏，外壳漆膜无局部颜色加深或烧焦、起皮。

【整改措施】对锈蚀部位打磨处理，对锈蚀螺栓进行防腐处理或更换，对油漆脱落部位进行补漆处理，如图 3-4 所示。

图 3-3　本体连接法兰油漆脱落　　　　图 3-4　本体连接法兰无起皮

3.3.3　盆式绝缘子无法分辨通盆和隔盆

【问题描述】盆式绝缘子外沿颜色不清晰、不正确，无法分辨通盆和隔盆，如图 3-5 所示。

【违反条款】盆式绝缘子外观良好，无龟裂和起皮，颜色标识正确。

【整改措施】对盆式绝缘子外沿无颜色标识的、褪色、破损的及被遮挡的部位进行颜色修补，并加强对盆式绝缘子外沿颜色的维护，如图3-6所示。

图3-5　盆式绝缘子外沿颜色不清晰　　　图3-6　盆式绝缘子外沿颜色标识正确

3.3.4　汇控柜密封不良、有锈蚀

【问题描述】汇控柜封堵不良，门封条脱落，封堵有裂纹，柜体有锈蚀现象，如图3-7所示。

【违反条款】汇控柜内干净整洁，无变形和锈蚀。

【整改措施】对封堵不严部位重新进行封堵，打磨汇控柜锈蚀部位，更换锈蚀部件，如图3-8所示。

图3-7　汇控柜封堵不良　　　　　图3-8　汇控柜封堵严密

3.3.5　汇控柜门接地线有散股现象

【问题描述】汇控柜门接地线有散股现象,如图 3-9 所示。

【违反条款】汇控柜外壳接地良好,柜内封堵良好。

【整改措施】对箱内杂物进行清理,同时对汇控箱进行密封处理,对电缆孔进行封堵,防止沙尘、水气进入,如图 3-10 所示。

图 3-9　汇控柜门接地线散股　　　　　图 3-10　汇控柜电缆整洁

3.3.6　加热器故障或未按规定投入运行

【问题描述】机构箱内加热器不能正常工作,或加热器未按规定投入运行,如图 3-11 所示。

【违反条款】汇控柜密封良好,无进水受潮和凝露,加热驱潮装置功能正常。

【整改措施】确保加热器完好,并按照相关规定按时投入运行,如图 3-12 所示。

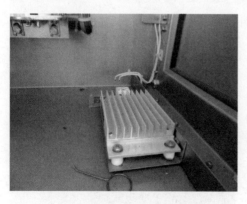
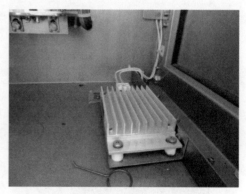

图 3-11　加热器不能正常工作　　　　　图 3-12　加热器完好

3.3.7　压力释放装置释放出口有障碍物

【问题描述】压力释放装置释放出口有障碍物,如图 3-13 所示。

【违反条款】压力释放装置无异常，其释放出口无障碍物。

【整改措施】清除障碍物，如图 3 - 14 所示。

 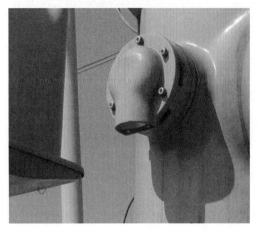

图 3 - 13 压力释放装置释放出口有障碍物　　　图 3 - 14 压力释放装置释放出口无障碍物

3.3.8 波纹管变形

【问题描述】波纹管安装时变形，如图 3 - 15 所示。

【违反条款】波纹管外观无损伤和变形等异常情况。

【整改措施】调整波纹管，如图 3 - 16 所示。

图 3 - 15 波纹管变形　　　　　　图 3 - 16 波纹管外观无损伤

3.3.9 设备出厂铭牌不清晰

【问题描述】设备出厂铭牌不清晰，如图 3 - 17 所示。

【违反条款】外观清洁，标识清晰、完善。

【整改措施】将设备出厂铭牌表面脏污清理干净，如图 3 - 18 所示。

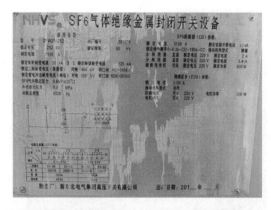
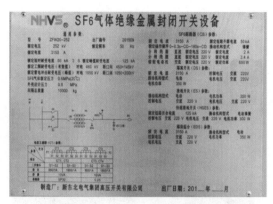

图 3-17　设备出厂铭牌不清晰　　　　　　图 3-18　设备出厂铭牌清晰

3.3.10　接地引下线锈蚀

【问题描述】GIS 接地引下线锈蚀，如图 3-19 所示。

【违反条款】外壳接地良好，接地无锈蚀、变形，无过热迹象，接地点的接地符号明显。

【整改措施】更换 GIS 接地引下线，如图 3-20 所示。

图 3-19　GIS 接地引下线锈蚀　　　　　　图 3-20　GIS 接地引下线无锈蚀

3.3.11　绝缘子表面不清洁，有破损、裂纹、放电痕迹

【问题描述】GIS 绝缘子表面不清洁，有破损、裂纹、放电痕迹，如图 3-21 所示。

【违反条款】外绝缘无异常放电和闪络痕迹。

【整改措施】将 GIS 绝缘子表面清理干净，如图 3-22 所示。

图 3-21　绝缘子表面不清洁　　　　　图 3-22　绝缘子表面清洁

3.3.12　分、合闸位置指示不清晰

【问题描述】GIS 断路器分、合闸位置指示不清晰，如图 3-23 所示。

【违反条款】分、合闸到位，指示正确。

【整改措施】将 GIS 断路器的分、合闸位置指示粘贴，如图 3-24 所示。

图 3-23　分、合闸位置指示不清晰　　　　图 3-24　分、合闸位置指示清晰

3.3.13　引线接头表面腐蚀

【问题描述】引线接头表面腐蚀，如图 3 - 25 所示。

【违反条款】高压引线连接正常，设备线夹无裂纹和过热。

【整改措施】对接头进行处理，如图 3 - 26 所示。

图 3 - 25　引线接头表面腐蚀　　　　　　图 3 - 26　引线接头表面无腐蚀

3.3.14　传动连杆及其他外露零件有锈蚀

【问题描述】GIS 传动连杆及其他外露零件有锈蚀，如图 3 - 27 所示。

【违反条款】外壳、支架等无锈蚀、松动和损坏，外壳漆膜无局部颜色加深或烧焦、起皮。

【整改措施】将 GIS 传动连杆及其他外露零件除锈处理，如图 3 - 28 所示。

图 3 - 27　GIS 传动连杆有锈蚀　　　　　　图 3 - 28　GIS 传动连杆无锈蚀

3.3.15 汇控柜钢化玻璃观察窗模糊不清

【问题描述】汇控柜钢化玻璃观察窗模糊不清，如图3-29所示。

【违反条款】钢化玻璃无裂纹和损伤。

【整改措施】更换钢化玻璃，如图3-30所示。

图3-29 汇控柜钢化玻璃观察窗模糊不清　　图3-30 汇控柜钢化玻璃观察窗洁净

3.4 典型故障案例

3.4.1 GIS气体泄漏故障

3.4.1.1 沙眼漏气故障

某日，220kV××变报GIS压力偏低，现场检查发现有漏气，经红外检漏仪确定漏电为一处沙眼，如图3-31所示。

由于设备运行，采用堵漏胶对沙眼进行了堵漏，堵漏后无气体渗漏，如图3-32所示。

撤离处理沙眼漏气需要停电更换整个罐体，这将导致大量时间和人力物力的浪费，因此对于轻微沙眼漏气，往往采用堵漏胶进行堵漏，市面上有专长堵漏的公司。另外，沙眼漏气位置较难判断，建议配备红外检漏仪。

3.4.1.2 接头漏气故障

500kV××变××GIS SF$_6$表计相间气管接头处有贯穿性裂纹（图3-33），GIS SF$_6$继电器校验接口处接头有贯穿性裂纹（图3-34）。

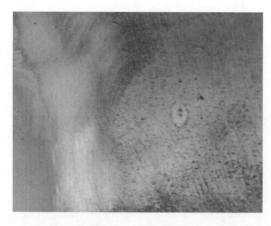

图 3 - 31　沙眼位置

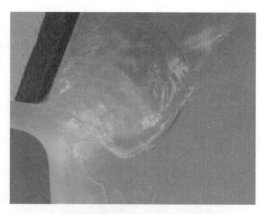

图 3 - 32　堵漏后

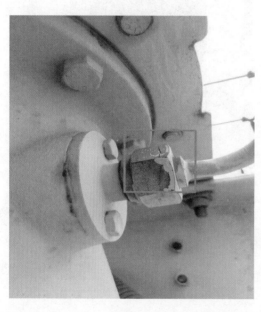

图 3 - 33　GIS C 相极柱至 SF$_6$ 表计相间
气管接头处有贯穿性裂纹

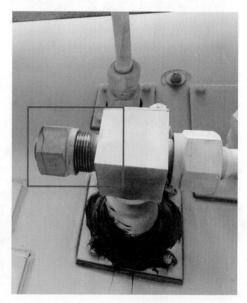

图 3 - 34　SF$_6$ 继电器校验口处接头
有贯穿性裂纹

3.4.2　GIS 无法操作故障

3.4.2.1　卡涩故障

220kV ××变 GIS 某日倒闸操作至"合上 2 号主变 220kV 副母隔离开关"一步时合闸失败，现场检查合隔离开关机构仅合了 20% 就无法继续操作，如图 3 - 35 所示。后经过检查发现 A 相齿轮盒卡涩，导致电机保护电阻烧毁，隔离开关无法操作，如图 3 - 36和图 3 - 37 所示。

图 3 - 35　现场机构仅合了 20% 就无法继续操作烧坏　　　　图 3 - 36　电机保护电阻烧坏

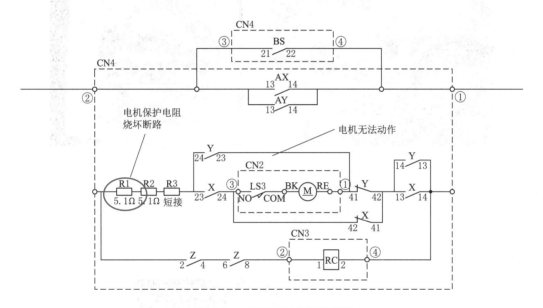

图 3 - 37　隔离开关机构原理图

用扳手直接转动相间连杆，感觉十分卡涩，用力将连杆往分闸方向转动，将机构完全分闸。

做好标记后，将相间连杆脱开，每相小幅度试操作，发现 A 相非常卡涩，难以操作，检查发现齿轮盒轴承卡涩，加润滑油反复多次小幅度操作 50 次后，动作灵活，如图 3 - 38 所示。

此例中，齿轮未见明显锈迹，但确实存在卡涩，加润滑油多次操作后恢复灵活。检修人员担心卡涩的部位位于 GIS 内部，而据厂家反应，该轴承虽然通过 2 层轴封和 2 层密封圈与 GIS 罐体内部传动杆相连，若加注润滑油可以解决卡涩问题，则问题不会位于在 GIS 内部。

图 3 - 38　处理方法

3.4.2.2　机构微动开关故障

倒闸操作时，发现某 GIS 线路接地开关不能分闸，判断为微动开关故障。

打开接地开关机构箱，经检查，发现分闸限位微动开关已损坏，如图 3 - 39 和图 3 - 40 所示。

图 3 - 39　接地开关机构箱内部分闸限位微动开关

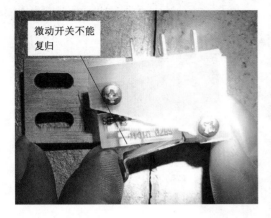

图 3-40 微动开关无法复归

更换微动开关后恢复正常。

检查换下的微动开关，发现白色塑料顶块上下运动十分困难，存在卡涩，白色塑料顶块表面粗糙，且有倾斜迹象。对塑料顶块进行打磨后，微动开关可以正常动作，因此判断这是导致微动开关卡涩的主要原因。微动开关长期处于动作状态，塑料块被顶牢，受到挤压微微变形，头部膨大，由于塑料块进出孔洞较小，塑料块发生卡涩。该故障表明该微动开关的制造工艺尚待提高。

3.4.2.3 机构电机故障

某 GIS 线路隔离开关合闸操作时机构电源空开跳开，不能合闸。

打开隔离开关机构箱进行检查，发现机构箱内继电器处于半吸合状态，通过手动操作杆将隔离开关置于半分半合状态，进行合闸操作，发现机构箱内电机火花较大，并瞬时将机构电源空开跳开，如图 3-41 所示。

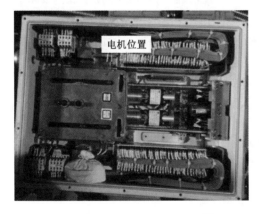

图 3-41 电机故障

更换电机后恢复正常，该故障是由于隔离开关机构内部电机绝缘不良造成的。

由机构内元件引起的故障在检修中会经常遇到，为了应对此类问题，应做好备品的管理，并厂家采用品质更加优秀的微动开关。

第 4 章

隔离开关检修

4.1 专业巡视要点

4.1.1 本体巡视

（1）隔离开关外观清洁无异物，五防装置完好无缺失。

（2）触头接触良好无过热和变形，合、分闸位置正确，符合相关技术规范要求。

（3）引弧触头完好，无缺损和移位。

（4）导电臂及导电带无变形和开裂，无断片和断股，连接螺栓紧固。

（5）接线端子或导电基座无过热和变形，连接螺栓紧固。

（6）均压环无变形、倾斜和锈蚀，连接螺栓紧固。

（7）绝缘子外观及辅助伞裙无破损、开裂和严重变形，外绝缘放电不超过第二伞裙，中部伞裙无放电现象。

（8）本体无异响及放电、闪络等异常现象。

（9）法兰连接螺栓紧固，胶装部位防水胶无破损和裂纹。

（10）防污闪涂料涂层完好，无龟裂、起层和缺损。

（11）传动部件无变形、锈蚀和开裂，连接螺栓紧固。

（12）连接卡、销、螺栓等附件齐全，无锈蚀和缺损，开口销打开角度符合技术要求。

（13）拐臂过死点位置正确，限位装置符合相关技术规范要求。

（14）机械闭锁盘、闭锁板、闭锁销无锈蚀和变形，闭锁间隙符合产品技术要求。

（15）底座部件无歪斜和锈蚀，连接螺栓紧固。

（16）检查铜质软连接应无散股和断股，外观无异常。

（17）隔离开关支柱瓷瓶浇注法兰无锈蚀和裂纹等异常现象。

4.1.2 操动机构巡视

（1）箱体无变形和锈蚀，封堵良好。
（2）箱体固定可靠、接地良好。
（3）箱内二次元器件外观完好。
（4）箱内加热驱潮装置功能正常。

4.1.3 引线巡视

（1）引线弧垂满足运行要求。
（2）引线无散股和断股。
（3）引线两端线夹无变形、松动、裂纹和变色。
（4）引线连接螺栓无锈蚀、松动和缺失。

4.1.4 基础构架巡视

（1）基础无破损、沉降和倾斜。
（2）构架无锈蚀和变形，焊接部位无开裂，连接螺栓无松动。
（3）接地无锈蚀，连接紧固，标识清晰。

4.2 检修关键工艺质量控制要求

4.2.1 整体更换

1. 安全注意事项

（1）电动机构二次电源确已断开，隔离措施符合现场实际条件。
（2）拆、装隔离开关时，结合现场实际条件适时装设临时接地线。
（3）按厂家规定正确吊装设备。

2. 关键工艺质量控制

（1）前期准备。

1）检查包装箱无破损，核对产品数量、产品合格证、安装使用说明书、出厂试验报告等技术文件齐全。

2）检查各导电部件无变形和缺损，导电带无断片和断股，焊接处无松动，镀银层厚度符合标准（厚度不小于 $20\mu m$），表面完好无脱落。

3）均压环（罩）和屏蔽环（罩）外观清洁，无毛刺和变形，焊接处牢固无裂纹。

4）绝缘子探伤试验合格，外观完好，无破损和裂纹，胶装部位应牢固，胶装后露砂高度 10～20mm，且不应小于 10mm，胶装处应均匀涂以防水密封胶。

5）底座无锈蚀和变形，转动轴承转动部位灵活，无卡滞和异响。

6）操动机构箱体外观无变形和锈蚀，箱内各零部件应齐全，无缺损，连接无松动。

7）操动机构箱密封条、密封圈完好，无缺损和龟裂，且密封良好。

（2）底座组装。

1）底座安装牢固且在同一水平线上，相间距误差：220kV 及以下不大于 10mm，220kV 以上不大于 20mm。

2）连接螺栓紧固力矩值符合产品技术要求，并做紧固标记。

（3）绝缘子组装。

1）应垂直于底座平面，同一绝缘子柱的各绝缘子中心应在同一垂直线上；同相各绝缘子柱的中心线应在同一垂直平面内。

2）各绝缘子间安装时可用调节垫片校正其水平或垂直偏差，垫片不宜超过 3 片，总厚度不应超过 10mm。

3）连接螺栓紧固力矩值符合产品技术要求，并做紧固标记。

（4）均压环（罩）和屏蔽环（罩）安装水平，连接紧固，排水孔通畅。

（5）导电部件组装。

1）导电带无断片和断股，焊接处无裂纹，连接螺栓紧固，旋转方向正确。

2）接线端子应涂薄层电力复合脂，触头表面涂层应根据本地环境条件确定。

3）合闸位置符合产品技术要求，触头夹紧力均匀接触良好。

4）分闸位置触头间的净距离或拉开角度应符合产品的技术要求。

5）动、静触头及导电连接部位应清理干净，并按厂家规定进行涂覆。

6）导电接触检查可用 0.05mm×10mm 的塞尺进行检查。对于线接触应塞不进去，对于面接触其塞入深度应满足：在接触表面宽度为 50mm 及以下时不应超过 4mm，在接触表面宽度为 60mm 及以上时不应超过 6mm。

7）检查所有紧固螺栓，力矩值符合产品技术要求，并做紧固标记。

（6）传动部件组装。

1）传动部件与带电部位的距离应符合有关技术要求。

2）连杆应与操动机构相配合，连接轴销无锈蚀和缺失。

3）当连杆损坏或折断可能接触带电部分而引起事故时，应采取防倾倒、弹起措施。

4）转动轴承、拐臂等部件，安装位置正确，固定牢固，齿轮咬合准确，操作轻便灵活。

5）定位、限位部件应按产品的技术要求进行调整，并加以固定。

6）检查破冰装置是否完好。

7）复位或平衡弹簧的调整应符合产品技术要求，固定牢固。

8）传动箱固定可靠，密封良好，排水孔通畅。

9）转动及传动连接部位应涂以适合当地气候的润滑脂。

（7）闭锁装置组装。

1）隔离开关、接地开关机械闭锁装置安装位置正确，动作准确可靠并具有足够的机械强度。

2）机械闭锁板、闭锁盘、闭锁销等互锁配合间隙符合产品技术要求。

3）连接螺栓紧固力矩值符合产品技术要求，并做紧固标记。

（8）操动机构组装。

1）安装牢固，同一轴线上的操动机构位置应一致，机构输出轴与本体主拐臂在同一中心线上。

2）合、分闸动作平稳，无卡阻和异响。

3）辅助开关安装牢固，动作灵活，接触良好。

4）二次接线正确、紧固，备用线芯有装绝缘护套。

5）机构箱接地、密封、驱潮加热装置完好，连接螺栓紧固。

6）组装完毕，复查所有连接螺栓紧固，力矩值符合产品技术要求，并做紧固标记。

（9）设备调试和测试。

1）合、分闸位置及合闸过死点位置符合厂家技术要求。

2）三相同期应符合厂家技术要求。

3）电气及机械闭锁动作可靠。

4）限位装置应准确可靠，到达分、合极限位置时，应可靠地切除电源。

5）操动机构的分、合闸指示与本体实际分、合闸位置相符。

6）主回路电阻测试应符合产品技术要求。

7）接地回路电阻测试应符合产品技术要求。

8）二次元件及控制回路的绝缘电阻及电阻测试应符合技术要求。

9）辅助开关切换可靠、准确。

4.2.2 触头及导电臂检修

1. 安全注意事项

（1）在分闸位置，应用固定夹板固定导电折臂。

（2）起吊时应采用适合吊物重量的专用吊带或尼龙吊绳。

（3）起吊时，吊物应保持水平起吊，且绑揽风绳控制吊物摆动。

（4）结合现场实际条件适时装设临时接地线。

2. 关键工艺质量控制

（1）静触头杆（座）表面应平整，无严重烧损，镀层无脱落。

（2）抱轴线夹、引线线夹接触面应涂以薄层电力复合脂，连接螺栓紧固。

（3）钢芯铝绞线表面无损伤、断股，散股，切割端部应涂保护清漆防锈。

（4）动触头夹（动触头）无过热和严重烧损，镀层无脱落。

（5）引弧角无严重烧伤和断裂情况。

（6）动触头夹座与上导电管接触面无腐蚀，连接紧固。

（7）动触头夹座上部的防雨罩性能完好，无开裂和缺损。

（8）导电臂无变形、损伤和锈蚀。

（9）夹紧弹簧及复位弹簧无锈蚀和断裂，外露尺寸符合技术要求。

（10）导电带及软连接无断片和断股，接触面无氧化，镀层无脱落，连接螺栓紧固。

（11）中间触头及触头导电盘完好，无破损和过热变色，防雨罩完好，无破损。

（12）中间接头连接叉、齿轮箱无开裂和变形。

（13）中间接头处轴、键完好，齿轮、齿条完好，无锈蚀和缺齿，并涂适合本地气候条件的润滑脂。

（14）中间接头处弹性圆柱销、轴套、滚轮、弹簧无锈蚀和变形等，装配正确，动作灵活。

（15）触头表面应平整、清洁。

（16）平衡弹簧无锈蚀和断裂，测量其自由长度应符合技术要求。

（17）导向滚轮无磨损和变形。

（18）触头座排水孔（如有）通畅。

（19）打开后的弹性圆柱销、挡圈、绝缘垫圈均应更换。

（20）连接螺栓紧固，力矩值符合产品技术要求，并做紧固标记。

4.2.3　导电基座检修

1. 安全注意事项

（1）结合现场实际条件适时装设临时接地线。

（2）按厂家规定正确吊装设备。

2. 关键工艺质量控制

（1）基座完好，无锈蚀和变形。

（2）转动轴承座法兰表面平整，无变形、锈蚀和缺损。

（3）转动轴承座转动灵活，无卡滞和异响。

（4）检查键槽及连接键是否完好。

（5）调节拉杆的双向接头螺纹完好，转动灵活，轴孔无磨损和变形。

（6）齿轮完好，无破损和裂纹，并涂以适合当地气候的润滑脂。

（7）检修时拆下的弹性圆柱销、挡圈、绝缘垫圈等应予以更换。

（8）导电带安装方向正确。

（9）接线座无变形、裂纹和腐蚀，镀层完好。

（10）连接螺栓紧固，力矩值符合产品技术要求，并做紧固标记。

4.2.4　均压环检修

1. 安全注意事项

（1）起吊时应采用适合吊物重量的专用吊带或尼龙吊绳。

（2）起吊时应保持水平起吊吊物，且绑揽风绳控制吊物摆动。

（3）均压环上严禁工作人员踩踏、站立。

（4）结合现场实际条件适时装设临时接地线。

2. 关键工艺质量控制

（1）均压环完好，无变形和缺损。

（2）安装牢固、平正，排水孔通畅。

（3）焊接处无裂纹，螺栓连接紧固，力矩值符合产品技术要求，并做紧固标记。

4.2.5 绝缘子检修

1. 安全注意事项

（1）起吊时应采用适合吊物重量的专用吊带或尼龙吊绳。

（2）起吊时应保持垂直角度起吊吊物，且绑揽风绳控制吊物摆动。

（3）绝缘子拆装时应逐节进行吊装。

（4）结合现场实际条件适时装设临时接地线。

2. 关键工艺质量控制

（1）绝缘子外观及绝缘子辅助伞裙清洁无破损（瓷绝缘子单个破损面积不得超过 $40mm^2$，总破损面积不得超过 $100mm^2$）。

（2）绝缘子法兰无锈蚀和裂纹。

（3）绝缘子胶装后露砂高度 $10\sim20mm$，不得小于 $10mm$，胶装处应涂防水密封胶。

（4）防污闪涂层完好，无龟裂、起层和缺损，憎水性应符合相关技术要求。

4.2.6 传动及限位部件检修

1. 安全注意事项

（1）断开机构二次电源。

（2）工作人员严禁踩踏传动连杆。

（3）结合现场实际条件适时装设临时接地线。

2. 关键工艺质量控制

（1）传动连杆及限位部件无锈蚀和变形，限位间隙符合技术要求。

（2）垂直安装的拉杆顶端应密封，未封口的应在拉杆下部打排水孔。

（3）传动连杆应采用装配式结构，不应在施工现场进行切焊装配。

（4）轴套、轴销、螺栓、弹簧等附件齐全，无变形、锈蚀和松动，转动灵活连接牢固。

（5）转动部分涂以适合当地气候的润滑脂。

4.2.7 底座检修

1. 安全注意事项

（1）电动机构二次电源确已断开，隔离措施符合现场实际条件。

（2）拆、装隔离开关时，结合现场实际条件适时装设临时接地线。

（3）按厂家规定正确吊装设备。

2. 关键工艺质量控制

（1）底座无变形，接地可靠，焊接处无裂纹和严重锈蚀。

（2）底座连接螺栓紧固，无锈蚀，锈蚀严重应更换，力矩值符合产品技术要求，并做紧固标记。

（3）转动部件应转动灵活，无卡滞。

（4）底座调节螺杆应紧固无松动，且保证底座上端面水平。

4.2.8　机械闭锁检修

1. 安全注意事项

（1）断开电机电源和控制电源，二次电源隔离措施符合现场实际条件。

（2）结合现场实际条件适时装设临时接地线。

2. 关键工艺质量控制

（1）操动机构与本体分、合闸位置一致。

（2）闭锁板、闭锁盘、闭锁杆无变形、损坏和锈蚀。

（3）闭锁板、闭锁盘、闭锁杆的互锁配合间隙符合相关技术规范要求。

（4）限位螺栓符合产品技术要求。

（5）机械连锁正确、可靠。

（6）连接螺栓力矩值符合产品技术要求，并做紧固标记。

4.2.9　调试及测试

1. 安全注意事项

（1）结合现场实际条件适时装设临时接地线。

（2）施工现场的大型机具及电动机具金属外壳接地良好、可靠。

（3）工作人员严禁踩踏传动连杆。

（4）工作人员工作时，应及时断开电机电源和控制电源。

2. 关键工艺质量控制

（1）调整时应遵循"先手动后电动"的原则进行，电动操作时应将隔离开关置于半分半合位置。

（2）限位装置切换准确可靠，机构到达分、合位置时，应可靠地切断电机电源。

（3）操动机构的分、合闸指示与本体实际分、合闸位置相符。

（4）合、分闸过程中无异常卡滞和异响，主、弧触头动作次序正确。

（5）合、分闸位置及合闸过死点位置符合厂家技术要求。

（6）调试、测量隔离开关技术参数，符合相关技术要求。

（7）调节闭锁装置，应达到"隔离开关合闸后接地开关不能合闸，接地开关合闸后隔离开关不能合闸"的防误要求。

（8）与接地开关间闭锁板、闭锁盘、闭锁杆间的互锁配合间隙符合相关技术规范要求。

（9）电气及机械闭锁动作可靠。

（10）检查螺栓、限位螺栓紧固，力矩值符合产品技术要求，并做紧固标记。

（11）主回路接触电阻测试应符合产品技术要求。

（12）接地回路接触电阻测试应符合产品技术要求。

（13）进行二次元件及控制回路的绝缘电阻及直流电阻测试。

4.2.10 操动机构检修

1. 安全注意事项

（1）工作前断开辅助开关二次电源。

（2）检修人员避开传动系统。

2. 关键工艺质量控制

（1）机构传动齿轮配合间隙符合技术要求，转动灵活、无卡涩和锈蚀。

（2）机构传动齿轮应涂符合当地环境条件的润滑脂。

（3）接线端子排无锈蚀和缺损，固定牢固。

（4）辅助开关转换可靠，接触良好。

（5）二次接线正确，无松动，接触良好，排列整齐美观。

⚡ 4.3 常见问题及整改措施

4.3.1 隔离开关出厂铭牌不清晰

【问题描述】隔离开关出厂铭牌不清晰，被油漆覆盖，如图4-1所示。

【违反条款】隔离开关外观清洁无异物，五防装置完好无缺失。

【整改措施】将隔离开关出厂铭牌擦拭干净，清除覆盖的油漆，如图4-2所示。

图4-1　铭牌被油漆覆盖　　　　　图4-2　铭牌清洁无异物

4.3.2 隔离开关线夹紧固不到位

【问题描述】隔离开关线夹紧固不到位。

【违反条款】引线两端线夹无变形、松动、裂纹和变色。

【整改措施】将接头紧固到位。

4.3.3 隔离开关引线螺栓锈蚀

【问题描述】隔离开关引线螺栓锈蚀，如图4-3所示。

【违反条款】引线连接螺栓无锈蚀、松动和缺失。

【整改措施】更换锈蚀螺栓，如图 4-4 所示。

图 4-3　隔离开关引线螺栓锈蚀　　　　　图 4-4　隔离开关引线螺栓无锈蚀

4.3.4　隔离开关绝缘子表面不清洁

【问题描述】隔离开关绝缘子表面不清洁，有脏污，如图 4-5 所示。

【违反条款】绝缘子外观及辅助伞裙无破损、开裂和严重变形，外绝缘放电不超过第二伞裙，中部伞裙无放电现象。

【整改措施】将隔离开关绝缘子表面脏污擦拭干净，如图 4-6 所示。

图 4-5　隔离开关绝缘子表面不清洁　　　图 4-6　隔离开关绝缘子表面洁净

4.3.5　隔离开关导电臂（管）表面有锈蚀

【问题描述】隔离开关导电臂（管）表面有锈蚀，如图 4-7 所示。

【违反条款】导电臂无变形、损伤和锈蚀。

【整改措施】将隔离开关导电臂（管）表面进行除锈处理，如图4-8所示。

图4-7　隔离开关导电臂表面有锈蚀　　　　图4-8　隔离开关导电臂无锈蚀

4.3.6　接地开关触头锈蚀

【问题描述】隔离开关的触头锈蚀严重，如图4-9所示。

【违反条款】夹紧弹簧及复位弹簧无锈蚀和断裂，外露尺寸符合技术要求。平衡弹簧无锈蚀和断裂，测量其自由长度应符合技术要求。

【整改措施】结合停电更换锈蚀的触头或者整体更换，如图4-10所示。

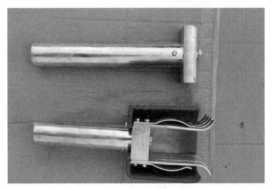

图4-9　隔离开关触头锈蚀严重　　　　图4-10　隔离开关触头无锈蚀

4.3.7　构支架仅有一点与接地网连接

【问题描述】隔离开关构支架仅有一点与接地网连接，如图4-11所示。

【违反条款】底座无变形，接地可靠，焊接处无裂纹和严重锈蚀。

【整改措施】对隔离开关构支架改为有两点与接地网连接，如图4-12所示。

4.3.8　本体支架锈蚀

【问题描述】隔离开关各处锈蚀，如图4-13所示。

【违反条款】传动部件无变形、锈蚀和开裂，连接螺栓紧固。

【整改措施】对隔离开关锈蚀部位进行防腐处理，如图 4-14 所示。

图 4-11　隔离开关构支架仅有一点接地　　图 4-12　隔离开关构支架有两点接地

图 4-13　隔离开关各处有锈蚀　　　　图 4-14　隔离开关各处无锈蚀

4.3.9　机构箱封堵不严

【问题描述】基础存在沉降或损坏。

【违反条款】基础无破损、沉降和倾斜。

【整改措施】对基础进行灌浆回填。

4.3.10　传动连杆有锈蚀、变形

【问题描述】隔离开关传动连杆有锈蚀、变形，如图 4-15 所示。

【违反条款】传动连杆及限位部件无锈蚀和变形，限位间隙符合技术要求。

【整改措施】对隔离开关传动连杆的锈蚀部位进行除锈防腐处理，如图 4-16 所示。

图 4-15 隔离开关传动连杆有锈蚀　　　　图 4-16 隔离开关传动连杆无锈蚀

4.3.11 传动部件润滑较差，分、合闸不到位

【问题描述】隔离开关传动部件润滑较差，分、合闸不到位。

【违反条款】轴套、轴销、螺栓、弹簧等附件齐全，无变形、锈蚀和松动，转动灵活连接牢固。转动部分涂以适合当地气候的润滑脂。

【整改措施】对隔离开关传动部件进行润滑处理，涂抹润滑剂。

4.3.12 传动部件的传动连杆及其他外露零件锈蚀

【问题描述】隔离开关传动部件的传动连杆及其他外露零件锈蚀，如图 4-17 所示。

【违反条款】轴套、轴销、螺栓、弹簧等附件齐全，无变形、锈蚀和松动，转动灵活连接牢固。

【整改措施】对隔离开关传动部件的传动连杆及其他外露零件进行除锈处理，如图 4-18 所示。

图 4-17 隔离开关传动连杆及　　　　　图 4-18 隔离开关传动连杆及
　　其他外露零件锈蚀　　　　　　　　　　其他外露零件无锈蚀

4.3.13　新安装或大修（A、B 类检修）后的隔离开关未进行回路电阻测试

【问题描述】新安装或大修（A、B 类检修）后的隔离开关未进行回路电阻测试。

【违反条款】主回路电阻测试应符合产品技术要求。主回路接触电阻测试应符合产品技术要求。

【整改措施】对新安装或大修（A、B 类检修）后的隔离开关进行回路电阻测试。

4.3.14　单柱垂直伸缩式隔离开关的主拐臂未过死点

【问题描述】单柱垂直伸缩式隔离开关的主拐臂未过死点，如图 4-19 所示。

【违反条款】合、分闸位置及合闸过死点位置符合厂家技术要求。

【整改措施】结合停电将单柱垂直伸缩式隔离开关的主拐臂过死点，如图 4-20 所示。

图 4-19　单柱垂直伸缩式隔离
开关的主拐臂未过死点

图 4-20　单柱垂直伸缩式隔离
开关的主拐臂过死点

4.3.15　机构箱密封不良，箱内有水迹

【问题描述】隔离开关机构箱密封不良，箱内有水迹，如图 4-21 所示。

【违反条款】箱体无变形和锈蚀，封堵良好。

【整改措施】更换隔离开关机构箱密封条，并将机构箱内水迹擦拭干净，如图 4-22 所示。

图 4-21　隔离开关机构箱密封不良

图 4-22　隔离开关机构箱封堵良好

4.3.16　机构箱内有异物

【问题描述】隔离开关机构箱内有异物，如图 4-23 所示。

【违反条款】箱体无变形和锈蚀，封堵良好。

【整改措施】将隔离开关构箱内异物清理干净，如图 4-24 所示。

图 4-23　隔离开关机构箱内有异物

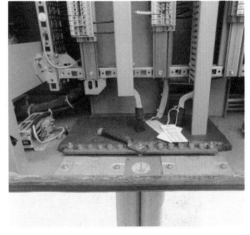

图 4-24　隔离开关机构箱内无异物

4.3.17　箱内端子排有锈蚀现象

【问题描述】隔离开关机构箱内端子排有锈蚀现象，如图 4-25 所示。

【违反条款】接线端子排无锈蚀和缺损，固定牢固。

【整改措施】结合停电更换隔离开关构箱内锈蚀的端子排，如图 4-26 所示。

4.3.18　辅助接点有锈蚀、破损现象

【问题描述】隔离开关机构箱内辅助接点有锈蚀、破损现象，如图 4-27 所示。

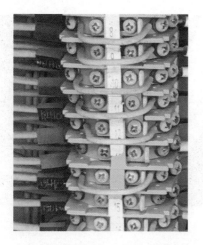 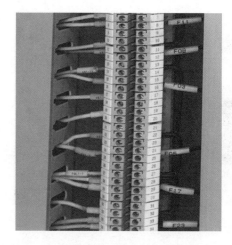

图 4 - 25　隔离开关机构箱内端子排有锈蚀　　　图 4 - 26　隔离开关机构箱内端子排无锈蚀

【违反条款】辅助开关转换可靠，接触良好。

【整改措施】结合停电更换隔离开关机构箱内有锈蚀、破损现象的辅助接点，如图 4 - 28 所示。

 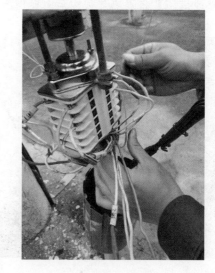

图 4 - 27　隔离开关机构箱内辅助接点有锈蚀　　　图 4 - 28　隔离开关机构箱内辅助接点无锈蚀

4.3.19　隔离开关基座有鸟窝

【问题描述】隔离开关基座有鸟窝，如图 4 - 29 所示。

【违反条款】隔离开关外观清洁无异物，五防装置完好无缺失。

【整改措施】清除鸟窝，如图 4 - 30 所示。

4.3.20　一次接头红外测温过热

【问题描述】一次接头温度高，如图 4 - 31 所示。

图 4 - 29　隔离开关基座有鸟窝　　　　　图 4 - 30　隔离开关基座清洁无异物

【违反条款】触头接触良好无过热和变形，合、分闸位置正确，符合相关技术规范要求。

【整改措施】结合停电处理接头，如图 4 - 32 所示。

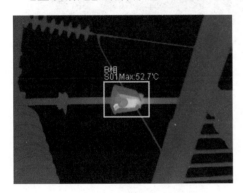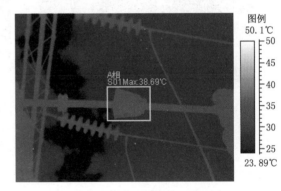

图 4 - 31　一次接头温度过高　　　　　图 4 - 32　一次接头温度正常

4.3.21　机构箱密封不严

【问题描述】机构箱密封不严，电缆孔未封堵或封堵不严，可能导致沙尘、水汽、小动物进入，如图 4 - 33 所示。

【违反条款】箱体无变形和锈蚀，封堵良好。

【整改措施】结合停电更换机构箱内密封条，对电缆孔进行封堵，防止沙尘、水汽、小动物进入，如图 4 - 34 所示。

4.3.22　二次电缆不整齐

【问题描述】二次电缆接线不整齐，如图 4 - 35 所示。

【违反条款】二次接线正确，无松动，接触良好，排列整齐美观。

【整改措施】结合年度检修时对杂乱二次电缆进行整理，将的电缆整理至横平竖直排列整齐，如图 4 - 36 所示。

图 4 - 33　机构箱密封不严　　　　　图 4 - 34　机构箱密封严密

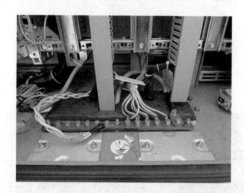

图 4 - 35　二次电缆接线不整齐　　　　图 4 - 36　二次电缆接线整齐

4.3.23　电缆方向套、标识牌缺失

【问题描述】部分电缆方向套、标识牌缺失，如图 4 - 37 所示。

【违反条款】二次接线正确，无松动，接触良好，排列整齐美观。

【整改措施】对缺失的电缆芯线重新加装新的统一编号的方向套、标识牌，如图 4 - 38 所示。

图 4 - 37　电缆标识牌缺失　　　图 4 - 38　电缆标识牌齐全

4.3.24 机构箱内加热器工作不正常

【问题描述】机构箱内加热器断线，工作不正常，如图4-39所示。

【违反条款】箱内加热驱潮装置功能正常。

【整改措施】检查加热回路完好性，检查加热器、温湿度控制器若有损坏，应予以及时更换，如图4-40所示。

图4-39 加热器工作不正常

图4-40 加热器工作正常

⚡ 4.4 典型故障案例

4.4.1 接触不可靠故障

4.4.1.1 线夹接触面接触不良过热

某隔离开关过热，停电后对过热部位的接触电阻进行了测量，发现隔离开关B相接头接触电阻达$400\mu\Omega$，如图4-41所示。

图4-41 接触电阻偏大

将接触面打开，发现接触面导电膏涂抹不均匀，并且存在毛刺，影响了接触面的导电能力，如图4-42和图4-43所示。

现场对接触面进行了处理，除去毛刺，重新涂抹导电膏，并涂抹均匀，如图4-44所示。

图 4 - 42　接触面导电膏不均匀　　　　　图 4 - 43　接触面毛刺

将接头装回后测量接触面电阻 $13.6\mu\Omega$，阻值合格，如图 4 - 45 所示。

图 4 - 44　接触面处理后　　　　　图 4 - 45　接触电阻合格

4.4.1.2　动静触头接触不良过热

在对××副母隔离开关进行检修的过程中，发现动、静触头接触面存在多处烧伤痕迹，如图 4 - 46 所示。

图 4 - 46　动、静触头烧伤痕迹

作业人员手动进行分、合闸发现动、静触头接触面烧伤位置存在空隙，推测可能是由于夹紧力不足（厂家规程中规定夹紧力最低为400N），使动静触头接触面存在缝隙，进而引起拉弧，如图4-47所示。

图4-47 动静触头夹紧力测试

仔细检查后，检修人员发现隔离开关的烧伤位置处于左右斜对面位置，进一步检查发现隔离开关合闸位置下静触头存在位置偏移，如图4-48所示。

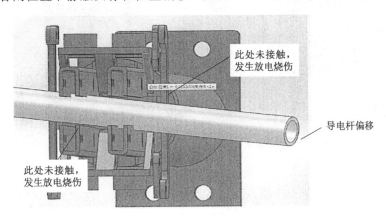

图4-48 闸刀合闸位置偏移

综上所述，隔离开关合闸位置动、静触头偏移和动触头夹紧力不够导致动、静触头间存在间隙，导致持续放电，使动、静触头烧伤。

现场检查并更换了动、静触头，对偏移的隔离开关进行了调试并重新做了夹紧力测试及回路电阻测试，均合格。

4.4.1.3 材质不合格导致过热

220kV××变隔离开关过热，发现隔离开关触头接触面镀银层磨损严重，如图4-49所示导致过热。

图 4 - 49　触头接触面镀银层磨损严重

4.4.1.4　螺栓松动合闸不可靠故障

某副母隔离开关 B 相动触头内用于调整剪刀头张开幅度的螺栓松动，如图 4 - 50 所示。

整个剪刀头松动，夹紧度不符合要求

明显可以看到此螺栓松动，弹簧垫未压紧

图 4 - 50　剪刀头（动触头）松动

此螺栓松动，会使动触头前端的剪刀头张开角度过大，从而导致隔离开关处于合位时动触头与静触头连接时夹紧力不够，致使接触电阻异常增大，严重时会形成电弧放电，严重发热，损坏设备。若设备带故障长期运行，严重时甚至会引发停电事故，给社会和企业造成重大经济损失。出现螺栓松动的原因推测为在安装时没有对此螺栓进行足够的紧固，导致操作时的移动和振动使螺栓松动。

对于隔离开关，合闸到位的可靠性非常重要，因此在检修中要特别注意保障隔离开关合闸可靠性的几个关键位置，防止隔离开关因为合闸不可靠而引起过热。

4.4.1.5　地基沉降造成合闸不到位故障

大修中发现某副母隔离开关合闸不到位，发现基础有沉降，动触头位置下沉，动、静触头之间距离增大，从而引起合闸不到位，如图 4 - 51 所示。经调整静触头位置并对地面进行灌浆后，合闸正常。

图 4 - 51 合闸不到位

合闸不到位会给安全运行带来隐患，如静触头不能被夹在动触头底部，会减少合闸接触压力，增大合闸电阻，引起过热，严重时会烧毁触头；另外，合闸位置下导电臂未过死点，会使合闸保持不可靠，存在自行分闸的危险。

图 4 - 52 显示合闸位置动触头明显下沉，静触头没有夹在动触头底部，而是夹在了动触头端部。

图 4 - 52 动触头顶部与静触头距离过大

进一步检查发现地面有所沉降（图 4 - 53），导致隔离开关动触头高度不够，由于基础沉降难以复原，遂调整静触头，将静触头放低使动静触头接触可靠（图 4 - 54）。

不管是隔离开关还是其他设备，设备的基础都很重要，稳固的基础才能支撑设备在投运后的几十年内平稳运行。而基础的问题又是非常容易被忽视的，因此需要提高对设备基础的重视，平时加强巡视，检修中加强检查。

图 4-53　地面有明显沉降　　　　　图 4-54　调整静触头并对地面进行水泥灌浆

4.4.2　无法操作故障

4.4.2.1　连杆断裂故障

××隔离开关连杆万向节断裂，如图 4-55 所示。

图 4-55　××隔离开关连杆万向节断裂

对隔离开关动、静触头近距离观察及拆开防雨罩后发现，隔离开关动、静触头及内部传动辅件积灰非常严重，如图 4-56 所示且触指弹簧存在不同程度锈蚀。触指弹簧锈蚀会使其弹性形变能力变弱，加上静触头传动辅件积灰造成的摩擦阻力，动触头合闸进入静触头过程中需要更大的转动力矩克服转动阻力，如图 4-57 所示。

由图 4-58 可知，假设隔离开关静触头帽因机械卡涩使动触头在合闸过程中多增加 9.8N 的力，则正母隔离开关水平传动轴需增加 117.6N 的力克服阻力才能正常分合闸。

触头卡涩才是造成连杆断裂的主因，因此在检修中应当透过现象看本质。只有发现问题的根节所在，才能更好的处理问题。

图 4-56 触头积灰严重

图 4-57 触头转动卡涩

4.4.2.2 机械闭锁失灵故障

220kV ××变隔离开关操作闭锁失效缺陷、线路接地开关合闸操作后，监控及本地后台仍显示分位缺陷。经过检查，隔离开关操作闭锁失效，主要是由于主开关与线路侧接地开关机械闭锁板位置不正确，经过调整，主开关与线路侧接地开关已能正常闭锁。

开关线路侧接地开关操作机构箱内分、合闸限位螺丝断裂，如图 4-59 和图 4-60 所示。

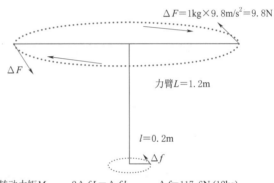

$\Delta F = 1\text{kg} \times 9.8\text{m/s}^2 = 9.8\text{N}$

力臂 $L = 1.2\text{m}$

$l = 0.2\text{m}$

转动力矩 M $2\Delta fL = \Delta f l$ $\Delta f = 117.6\text{N} (12\text{kg})$

图 4-58 触头转动受力分析

检修人员仔细检查，发现隔离开

关操作手柄能 360°转动，隔离开关瓷瓶底座法兰的限位螺丝已安装，但是主开关合闸过死点后，还能继续往分闸方向转动，隔离开关瓷瓶底座法兰的限位螺丝起不到合闸限位的作用，如图 4-61 和图 4-62 所示。

隔离开关操作机构箱内分、合闸限位螺丝断裂

图 4-59 操作机构箱内分、合闸限位螺丝断裂

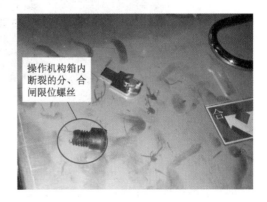

操作机构箱内断裂的分、合闸限位螺丝

图 4-60 操作机构箱内断裂的分、合闸限位螺丝

图 4-61　隔离开关合闸到位时
瓷瓶底座法兰的限位螺丝已到位

图 4-62　隔离开关合闸到位继续合闸时
瓷瓶底座法兰的限位螺丝往分闸方向转动

4.4.2.3　机械闭锁卡死故障

220kV××变在 3 月的检修过程中发现××副母接地开关主接地开关闭锁存在卡死现象。

班组检修人员在试验该隔离开关电动分、合闸时发现，其合闸阻力特别大，合闸过程中电机发出异常响声，经检查为，隔离开关主开关与接地开关间闭锁存在卡死现象，导致隔离开关难以顺畅合闸。

由图 4-63 可看出，隔离开关的闭锁杆过长，须进行调整处理。

主开关、接地开关间闭锁杆与
闭锁盘配合存在问题（闭锁杆
过长），隔离开关合闸后，闭
锁盘上留下闭锁杆磨过的痕迹

图 4-63　闭锁杆太长

拆下闭锁杆后发现，该闭锁杆长度是可调整的，但该闭锁杆长度已调节至最短，故无法通过调节长度来解决该问题，如图 4-64 所示。经现场检修人员讨论后，决定通过磨光

图 4-64 闭锁杆已调至最短

机打磨闭锁杆两端来缩短闭锁杆长度，从而解决该缺陷。

经打磨后，重新安装回闭锁杆，隔离开关可正常分合闸操作，且主开关、接地开关闭合功能正常。

4.4.2.4 控制回路故障

××变大修过程中，检修人员对××线路隔离开关无法电动操作的缺陷进行了处理，发现该隔离开关机构箱内部微动开关失效，如图 4-65 所示。

隔离开关操作到位后、机构内挡板压住微动开关，微动开关动作断开控制回路

图 4-65 微动开关在机构内的位置

检修人员到现场排查后，发现控制回路内的一副微动开关存在异常。该微动开关通常状态下为闭合接点用于在隔离开关操作到位后断开控制回路，将其拆下检查后，发现微动开关失去弹性，按下后无清脆的动作声，本应接通的常闭接点断开，如图 4-66 所示。

将微动开关拆卸后，发现该微动开关内部簧片失去弹性，无法正确动作，如图 4-67 所示。

因此，该故障发生的原因是由于回路内控制隔离开关分、合位置的微动开关内簧片失去弹性导致的。

此外，在年检过程中，发现××母线隔离开关、110kV II 段母线隔离开关机构箱都

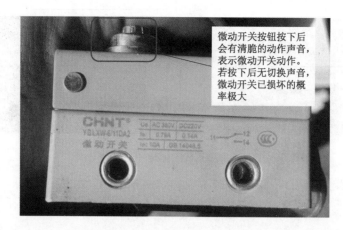

图 4 - 66　微动开关

出现了同样的问题，5 个同型号隔离开关的机构箱有 3 个出现故障，应引起重视。

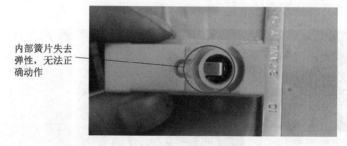

图 4 - 67　微动开关内部弹簧片

4.4.3　机构箱进水受潮

　　某次大修过程中，发现某线路隔离开关机构箱内进水十分严重，电机齿轮已锈蚀，且箱内壁上挂有明显水珠，如图 4 - 68 所示。

图 4 - 68　机构进水受潮锈蚀严重

在雨天或潮湿天气情况下，潮气通过机构箱轴承处 4 颗螺栓缝隙进入机构箱。

水汽进入机构箱后，由于机构箱内排气孔被堵塞，导致进入机构箱内的水汽无法排除，在机构箱内越积越多，如图 4-69 所示。

图 4-69 排气孔堵塞

建议采用以下处理方案：

（1）用清洗剂、毛巾将齿轮轴承处的锈迹清洗干净，并将机构箱内的水珠用干毛巾擦拭干后，打开箱门保持通风一段时间，将残留的水汽排出。

（2）将被堵的旧排气孔换成孔径更大的新排气孔，使箱内通风性变好。

（3）在机构向轴承 4 颗螺栓处涂上防水胶，防止水汽再次进入机构箱，如图 4-70 所示。

图 4-70 螺栓涂防水胶

机构箱防水防潮对于机构的正常运行很重要，很大一部分机构箱的失灵都是因为进水受潮导致的元件失效引起的。

第 5 章

开 关 柜 检 修

5.1 专业巡视要点

5.1.1 手车式开关柜巡视

5.1.1.1 开关柜巡视

（1）漆面无变色、鼓包和脱落。

（2）外部螺丝、销钉无松动和脱落。

（3）观察窗玻璃无裂纹和破碎。

（4）柜门无变形，柜体密封良好，无明显过热。

（5）泄压通道无异常。

（6）开关柜无异响和异味。

（7）各功能隔室照明正常。

（8）开关柜间母联桥箱、进线桥箱应无沉降变形。

（9）铭牌完整清晰。

（10）接地开关能可靠闭锁电缆室柜门。

5.1.1.2 断路器室巡视

（1）断路器无异响、异味和放电痕迹。

（2）断路器分、合闸和储能指示正确。

5.1.1.3 电缆室巡视

（1）电缆室应无异响和异味；电缆终端头、互感器、避雷器绝缘表面无凝露、破损和放电痕迹。

（2）接线板无位移、过热和明显弯曲，固定螺栓螺母无松动。

（3）电缆相位标记清晰，电缆屏蔽层接地线固定牢固，接触良好，且屏蔽接地引出线应在开关柜封堵面上部，一、二次电缆孔洞封堵良好。

（4）零序电流互感器应固定牢固。

（5）电缆终端不同相之间不应交叉接触。

（6）分支接线绝缘包封良好。

（7）接地开关位置正常。

（8）电缆室内无异物。

（9）电流互感器、带电显示装置二次接线应固定牢固，无松动现象。

5.1.1.4 仪表室巡视

（1）带电显示装置显示正常，自检功能正常。

（2）断路器分、合闸和手车位置，以及储能指示显示正常，与实际状态相符。

（3）接地开关位置指示显示正常，与实际运行位置相符。

（4）若加热驱潮装置采用自动温湿度控制器投切，自动温湿度控制器应工作正常。

（5）额定电流 2500A 及以上金属封闭高压开关柜的风机自动、手动投切功能应工作正常。

（6）二次接线及端子排无锈蚀松动，柜内无异物。

5.1.2 固定式开关柜巡视

5.1.2.1 开关柜巡视

（1）漆面无变色、鼓包和脱落。

（2）外部螺丝、销钉无松动和脱落。

（3）观察窗玻璃无裂纹和破碎。

（4）柜门无变形，柜体密封良好，无明显过热。

（5）泄压通道无异常。

（6）开关柜无异响和异味。

（7）各功能隔室照明正常。

（8）避雷器放电计数器泄漏电流指示正确。

（9）开关柜间母联桥箱、进线桥箱应无沉降变形。

5.1.2.2 断路器室巡视

（1）断路器无异响、异味和放电痕迹。

（2）断路器分、合闸和储能指示正确。

5.1.2.3 母线室巡视

（1）母线支持绝缘子及穿柜套管表面清洁，无损伤和爬电痕迹。

（2）母线相序及运行编号标识清晰可识别。

（3）母线连接螺栓无松动、脱落和过热。

（4）隔离开关绝缘子表面清洁，无损伤和爬电痕迹。

（5）隔离开关触头清洁，无烧伤痕迹；动静触头接触良好，插入深度符合厂家要求；

接地开关位置正确。

　　（6）母线绝缘护套完整，包封严密。

5.1.2.4　电缆室巡视

　　（1）电缆室应无异味和异响；电缆终端头、互感器、避雷器绝缘表面无凝露、破损和放电痕迹。

　　（2）接线板无位移、过热和明显弯曲，固定螺栓螺母无松动。

　　（3）电缆相位标记清晰，电缆屏蔽层接地线固定牢固，接触良好，且屏蔽接地引出线应在开关柜封堵面上部，电缆孔洞封堵良好。

　　（4）零序电流互感器支架应固定牢固，对接式零序电流互感器上的连接压片无松动。

　　（5）电缆终端不同相之间不应交叉接触。

　　（6）分支接线绝缘包封良好。

　　（7）隔离开关绝缘子表面清洁，无损伤和爬电痕迹。

　　（8）隔离开关触头清洁，无烧伤痕迹；动静触头接触良好，插入深度符合厂家要求；接地开关位置正确。

　　（9）电流互感器、带电显示装置二次线应固定牢固，无松动现象。

5.1.2.5　仪表室巡视

　　（1）带电显示装置显示正常，自检功能正常。

　　（2）断路器分、合闸和储能指示显示正常，与断路器分合闸状态相符。

　　（3）若加热驱潮装置采用自动温湿度控制器投切，自动温湿度控制器应工作正常。

　　（4）二次接线及端子排应无锈蚀松动，柜内无异物。

5.1.3　充气式开关柜巡视

5.1.3.1　开关柜巡视

　　（1）柜体漆面无变色、鼓皮和锈蚀。

　　（2）密封面胶体无脱胶和变色。

　　（3）防爆膜无锈蚀和鼓包。

　　（4）断路器分、合闸和储能指示正确。

　　（5）SF_6 密度继电器指示压力正常，表计外观正常，无渗漏油。

　　（6）开关柜间母联桥箱、进线桥箱应无沉降变形。

5.1.3.2　仪表室巡视

　　（1）带电显示装置显示正常，自检功能正常。

　　（2）断路器分、合闸和储能指示显示正常，与断路器分、合闸状态相符。

　　（3）若加热驱潮装置采用自动温湿度控制器投切，自动温湿度控制器应工作正常。

　　（4）二次接线及端子排应无锈蚀松动，柜内无异物。

5.1.3.3　母线室巡视

　　（1）密封面胶体无脱胶和变色。

　　（2）SF_6 密度继电器指示压力正常。

　　（3）防爆膜无锈蚀和鼓包。

5.1.3.4　电缆室巡视

（1）电缆室周围应无异味和异响。

（2）插拔头绝缘表面无凝露和过热。

（3）插拔座固定螺栓无松动和放电痕迹。

（4）插拔座和插拔头上的接地线连接良好，无松动。

5.2　检修关键工艺质量控制要求

5.2.1　开关柜柜体检修

1. 安全注意事项

工作时与相邻带电开关柜及功能隔室保持足够的安全距离或采取可靠的隔离措施。

2. 关键工艺质量控制

（1）柜体表面清洁，漆面无变色、起皮和锈蚀。

（2）观察窗玻璃无裂纹和破碎，新安装的观察窗应使用机械强度与外壳相当的内有接地屏蔽网的钢化玻璃遮板。

（3）柜门的门把手开关良好，柜体密封良好，螺栓、销钉无松动和脱落。

（4）接地线的连接螺栓无松动，接地线固定良好。

（5）开关柜泄压通道符合要求。

5.2.2　高压带电显示装置检修

1. 安全注意事项

（1）断开与电缆室相关的各类电源并确认无电压。

（2）工作时与相邻带电开关柜及功能隔室保持足够的安全距离或采取可靠的隔离措施。

2. 关键工艺质量控制

（1）二次接线整洁，接线紧固，编号完整清晰。

（2）高压带电显示装置外观清洁，无破损。

（3）高压带电显示装置固定牢固，紧固螺栓无松动。带电显示装置自检合格。

5.2.3　电气主回路检修

1. 安全注意事项

（1）断开与开关柜相关的各类电源并确认无电压。

（2）工作时与相邻带电开关柜及功能隔室保持足够的安全距离或采取可靠的隔离措施。

2. 关键工艺质量控制

（1）主回路外观清洁，无异物。

（2）电气回路各电气连接部分接触良好，固定紧固，无过热。

（3）测量主回路电阻无异常。

（4）母线及分支接线应进行绝缘包封。

5.2.4　辅助及控制回路检修

1. 安全注意事项

（1）断开与断路器相关的各类电源并确认无电压。

（2）拆下的控制回路及电源线头所作标记正确、清晰、牢固，防潮措施可靠。

（3）工作前，操作机构应充分释放所储能量。

2. 关键工艺质量控制

（1）柜内二次线固定牢固，无脱落、搭接一次设备可能。

（2）二次接线清洁，接线紧固，编号完整清晰。

（3）1000V绝缘电阻表测量分闸、合闸控制回路的绝缘电阻合格。

（4）柜内加热器接线无松动，端子编号齐全，回路正常。

（5）温湿度控制器外观清洁、接线牢固、工作正常。

（6）柜内照明正常。

（7）手动分、合闸操作中，分、合闸指示灯和储能指示灯正常。

（8）手车式断路器实际位置与位置指示灯显示一致。

（9）SF_6开关柜校验SF_6密度继电器及二次回路正常。

5.2.5　手车式开关柜断路器检修

1. 安全注意事项

（1）断开与断路器相关的各类电源并确认无电压。

（2）工作前，操作机构应充分释放所储能量。

2. 关键工艺质量控制

（1）手车各部分外观清洁，无异物。

（2）与接地开关、柜门连锁逻辑正确，推进退出灵活，隔离挡板动作正确。

（3）绝缘件表面清洁，无变色和开裂。

（4）梅花触头表面无氧化、松动和烧伤，涂有薄层中性凡士林。

（5）断路器机构分、合闸机械位置，储能弹簧已储能位置，以及动作计数器显示正常。

（6）母线停电时，应检查触头盒无裂纹，固定螺栓满足力矩要求。

5.2.6　固定式开关柜断路器检修

1. 安全注意事项

（1）断开与断路器相关的各类电源并确认无电压。

（2）工作前，操作机构应充分释放所储能量。

2. 关键工艺质量控制

(1) 断路器本体外观清洁，无破损。

(2) 绝缘件表面无变色和开裂，将绝缘件表面擦拭干净。

(3) 电气连接部位螺栓紧固，接线板无过热。

(4) 断路器机构分、合闸机械位置和储能弹簧已储能位置，以及动作计数器显示正常。

(5) 断路器与隔离开关连锁动作正常。

5.2.7 断路器弹簧操动机构检修

1. 安全注意事项

(1) 断开与断路器相关的各类电源并确认无电压。

(2) 工作前，操作机构应充分释放所储能量。

2. 关键工艺质量控制

(1) 检查机构各紧固螺丝有无松动，机构底部有无异物，机械传动部件无变形、损坏和脱出，转动部分涂抹适合当地气候的润滑脂。

(2) 胶垫缓冲器橡胶无破碎、粘化，油缓冲器动作正常，无渗漏油。

(3) 查看计数器为不可复归型，记录断路器的动作次数。

(4) 辅助回路和控制电缆、接地线外观完好，绝缘电阻符合要求。

(5) 储能电动机工作电流及储能时间检测结果符合设备技术文件要求。储能电动机能在 $85\%\sim110\%$ 的额定电压下能可靠工作。

(6) 分合闸线圈电阻检测结果符合设备技术文件要求，没明确要求时，以线圈电阻初值差不超过 5% 作为依据。

(7) 合闸脱扣器在合闸装置额定电源电压的 $85\%\sim110\%$ 范围时应可靠动作；分闸脱扣器在分闸装置额定电源电压的 $65\%\sim110\%$ （直流）或者 $85\%\sim110\%$ （交流）范围内时应可靠动作；当电源电压低于 30% 时，脱扣器不动作。记录脱扣器启动电压值。

(8) 进行机械特性测试，测试结果符合设备技术要求。

5.2.8 断路器电磁操动机构检修

1. 安全注意事项

(1) 断开与断路器相关的各类电源并确认无电压。

(2) 工作前，操作机构应充分释放所储能量。

2. 关键工艺质量控制

(1) 机械传动部件无变形、损坏和脱出，转动部分涂抹适合当地气候的润滑脂。

(2) 胶垫缓冲器橡胶无破碎和粘化，油缓冲器动作正常，无渗漏油。

(3) 限位螺栓、螺母无松动。

(4) 查看计数器为不可复归型，记录断路器的动作次数。

(5) 衔铁、掣子、扣板及弹簧动作可靠，扣合间隙符合厂家要求。

(6) 辅助回路和控制电缆、接地线外观完好，绝缘电阻符合要求。

（7）合闸保险接触良好，合闸接触器动作正常。

（8）分闸线圈电阻检测，检测结果符合设备技术文件要求，无明确要求时，线圈电阻初值差不超过 5%，绝缘值符合相关技术标准要求。

（9）当操作电压在合闸装置额定电源电压的 85%～110% 范围内时应可靠动作（当电磁机构断路器关合电流峰值小于 50kA 时，直流操作电压范围为 80%～110% 额定电源电压）；并联分闸脱扣器在分闸装置额定电源电压的 65%～110%（直流）或 85%～110%（交流）范围内时应可靠动作；当电源电压低于额定电压的 30% 时，脱扣器不动作。记录脱扣器启动电压值。

5.2.9　固定式开关柜隔离开关检修

1. 安全注意事项

（1）断开与隔离开关相关的各类电源并确认无电压。

（2）工作前，操作机构应充分释放所储能量。

2. 关键工艺质量控制

（1）各转动部位转动灵活，开口销无脱落。

（2）绝缘表面清洁，无破损和放电痕迹。

（3）动、静触头接触表面无氧化，无烧损，涂有薄层中性凡士林。

（4）三相合闸同期、开距符合规定要求。

（5）操动机构机械闭锁完好可靠。

（6）测量隔离开关回路电阻值，电阻值符合规定要求。

（7）微动开关应切换正常，与后台位置指示一致。

5.2.10　手车式开关柜隔离开关检修

1. 安全注意事项

断开与隔离开关相关的各类电源并确认无电压。

2. 关键工艺质量控制

（1）手车各部分外观清洁、无异物。

（2）与柜门及断路器连锁程序正确，推进退出灵活，隔离挡板动作正常。

（3）绝缘件表面清洁，无变色和开裂。

（4）梅花触头无氧化、松动和烧伤，涂有薄层中性凡士林。

（5）母线停电时，检查触头盒无裂纹，固定螺栓满足力矩要求。

5.2.11　接地开关检修

1. 安全注意事项

（1）断开与接地开关相关的各类电源并确认无电压。

（2）操作接地开关时，接地开关上严禁有人工作。

2. 关键工艺质量控制

（1）接地开关表面清洁，无污物，涂有薄层中性凡士林。

（2）手动拉合接地开关，分合闸可靠动作。

（3）接地开关的连接销钉齐全、传动部分转动灵活。

（4）接地开关与带电显示装置的连锁功能正常。

（5）接地开关和开关柜后门连锁功能正常。

5.2.12 电流互感器检修

1. 安全注意事项

（1）断开与电流互感器相关的各类电源并确认无电压。

（2）拆下的电源线头所作标记正确、清晰、牢固，防潮措施可靠。

2. 关键工艺质量控制

（1）外观清洁，无破损。

（2）分支线螺栓紧固。接线板无过热和变形。

（3）电流互感器二次接线正确、清洁、紧固，编号清晰。

（4）外壳接地线固定良好，与带电部分保持足够的安全距离。

（5）穿芯式电流互感器等电位线采用软铜线，位于屏蔽罩内，无脱落。

5.2.13 电压互感器检修

1. 安全注意事项

（1）断开与电压互感器相关的各类电源并确认无电压。

（2）拆下的电源线头所作标记正确、清晰、牢固，防潮措施可靠。

2. 关键工艺质量控制

（1）外观清洁，无破损。

（2）接线连接紧固。

（3）电压互感器二次接线正确、清洁、紧固，编号清晰。

（4）接地线固定良好，与带电部分保持足够的安全距离。

（5）电压互感器熔断器正常。

（6）电压互感器的中性点接线完好可靠，经消谐器接地时，消谐器完好正常。

5.2.14 避雷器检修

1. 安全注意事项

（1）断开与避雷器相关的各类电源并确认无电压。

（2）核实避雷器实际接线与一次系统图一致，对于与母线直接连接的避雷器，应将母线停电。

2. 关键工艺质量控制

（1）外观清洁，无破损。

（2）接线连接紧固。

（3）接地线固定良好，与带电部分保持足够安全距离。

（4）放电计数器泄漏电流指示正确。

5.2.15　电缆及其连接检修

1. 安全注意事项

（1）断开与电缆相关的各类电源并确认无电压。

（2）敞开式开关柜下方电缆沟为贯通式，进行单间隔检修时采取隔离措施，以防误入带电间隔。

2. 关键工艺质量控制

（1）电缆室清洁，无异物。孔洞封堵严密。

（2）电缆终端绝缘无破损和放电痕迹，带电部位与柜体间的空气绝缘净距离符合以下要求：≥125mm（对于 12kV），≥180mm（对于 24kV），≥300mm（对于 40.5kV）。

（3）电缆终端连接可靠，紧固螺栓无松动和脱落，接线板无过热。

（4）引出屏蔽接地线固定良好，与带电部分保持足够的安全距离。

（5）分支接线的绝缘包封良好。

（6）单相电缆应有防涡流措施。

5.2.16　手车式开关柜连锁性能检修

1. 安全注意事项

（1）断开与开关柜相关的各类电源并确认无电压。

（2）工作期间，禁止随意解除闭锁装置。

2. 关键工艺质量控制

（1）高压开关柜内的接地开关在合位时，小车断路器无法推入工作位置。小车在工作位置合闸后，小车断路器无法拉出。

（2）小车在试验位置合闸后，小车断路器无法推入工作位置；小车在工作位置合闸后，小车断路器无法拉至试验位置。

（3）断路器手车拉出后，手车室隔离挡板自动关上，隔离高压带电部分。

（4）接地开关合闸后方可打开电缆室柜门，电缆室柜门关闭后，接地开关才可以分闸。

（5）在工作位置时接地开关无法合闸。

（6）带电显示装置显示馈线侧带电时，馈线侧接地开关不能合闸。

（7）小车处于试验或检修位置时，才能插上和拔下二次插头。

（8）主变进线柜、母联开关柜的手车在工作位置时，主变隔离柜、母联隔离柜的手车不能摇出试验位置，电气闭锁可靠。

（9）主变隔离柜、母联隔离柜的手车在试验位置时，主变进线柜、母联开关柜的手车不能摇进工作位置，电气闭锁可靠。

5.2.17　固定式开关柜连锁性能检修

1. 安全注意事项

（1）断开与开关柜相关的各类电源并确认无电压。

（2）工作期间，禁止随意解除闭锁装置。

2. 关键工艺质量控制

（1）断路器合闸时，机械闭锁位置手柄无法打到分闸闭锁位置。

（2）隔离开关合闸时，接地开关无法操作。

（3）接地开关分闸时，前柜门无法打开。

（4）前柜门打开时，机械闭锁位置手柄无法打到分闸闭锁位置。

（5）接地开关合闸时，上下隔离开关无法操作。

5.2.18 断路器储能电机更换

1. 安全注意事项

（1）断开与断路器相关的各类电源并确认无电压。

（2）拆下的控制回路及电源线头所作标记正确、清晰、牢固，防潮措施可靠。

（3）工作前，操作机构应充分释放所储能量。

2. 关键工艺质量控制

（1）选用的新电动机与旧电动机型号一致。

（2）新电动机固定应牢固，电机电源相序接线正确。

（3）直流电机换向器状态良好，工作正常。

（4）电机绝缘电阻符合相关技术标准要求。

（5）电机更换后进行储能试验，储能正常。

5.2.19 断路器缓冲器更换

1. 安全注意事项

（1）断开与断路器相关的各类电源并确认无电压。

（2）拆下的控制回路及电源线头所作标记正确、清晰、牢固，防潮措施可靠。

（3）工作前，操作机构应充分释放所储能量。

2. 关键工艺质量控制

（1）选用的新缓冲器与旧缓冲器型号一致。

（2）新缓冲器安装后，缓冲器端部与座底的尺寸应与旧缓冲器一致，且安装牢固。

（3）油缓冲器无渗漏油，行程调整符合厂家设计要求。

（4）手动分合闸，缓冲器动作可靠。

（5）更换完成后进行机械特性试验测试，测试结果符合要求。

5.2.20 断路器弹簧更换

1. 安全注意事项

（1）断开与断路器相关的各类电源并确认无电压。

（2）工作前，操作机构应充分释放所储能量。

2. 关键工艺质量控制

（1）新弹簧表面无锈蚀。

（2）弹簧符合厂家规定。

（3）手动分合闸断路器，机构动作正常。

（4）弹簧更换后，机械特性试验数据符合规程要求。

5.2.21　断路器分合闸电磁铁更换

1. 安全注意事项

（1）断开与断路器相关的各类电源并确认无电压。

（2）拆下的控制回路及电源线头所作标记正确、清晰、牢固，防潮措施可靠。

（3）工作前，操作机构应充分释放所储能量。

2. 关键工艺质量控制

（1）新线圈应与旧线圈型号一致。

（2）电磁铁装配各部件无锈蚀、变形和卡涩，动作灵活。

（3）新安装分、合闸线圈电阻检测，检测结果应符合设备技术文件要求，无明确要求时，以线圈电阻初值差不超过 5% 作为判据，绝缘值符合相关技术标准要求。

（4）并联合闸脱扣器在合闸装置额定电源电压的 85%～110% 范围内时应可靠动作；并联分闸脱扣器在分闸装置额定电源电压的 65%～110%（直流）或 85%～110%（交流）范围内时应可靠动作；当电源电压低于额定电压的 30% 时，脱扣器应不动作。记录脱扣器启动电压值。

5.2.22　SF_6 密度继电器更换

1. 安全注意事项

（1）工作前将 SF_6 密度继电器与本体气室的连接气路断开，确认 SF_6 密度继电器与本体之间的阀门已关闭或本体 SF_6 已全部回收，工作人员位于上风侧，做好防护措施。

（2）工作前断开 SF_6 密度继电器相关电源并确认无电压。

2. 关键工艺质量控制

（1）SF_6 密度继电器应校检合格，报警、闭锁功能正常。

（2）SF_6 密度继电器外观完好，无破损、漏油等，安装牢固。

（3）SF_6 密度继电器及管路密封良好，年漏气率小于 0.5% 或符合产品技术规定。

（4）电气回路端子接线正确，电气接点切换准确可靠、绝缘电阻符合产品技术规定，并做记录。

5.2.23　固定隔离开关传动连杆更换

1. 安全注意事项

（1）断开与隔离开关相关的各类电源并确认无电压。

（2）工作时与相邻带电开关柜及功能隔室保持足够的安全距离或采取可靠的隔离措施。

2. 关键工艺质量控制

（1）调整连杆长度，使隔离开关合闸深度、动触头与静触头配合间隙符合厂家要求。

（2）对隔离开关进行分、合闸操作，传动部位无卡涩，连杆应无变形及扭曲，对转动部位进行润滑。

(3) 轴销应齐全，符合相关工艺要求。

5.2.24 断路器控制把手更换

1. 安全注意事项

(1) 断开与断路器相关的各类电源并确认无电压。

(2) 拆下的控制回路及电源线头所作标记正确、清晰、牢固，防潮措施可靠。

2. 关键工艺质量控制

(1) 拆除时记录二次接线标号。

(2) 选取的控制把手与旧控制把手型号一致。

(3) 新控制把手安装按旧标号接线，接线牢固可靠。

(4) 控制把手安装完成后，校验控制把手工作正常。

5.2.25 带电显示装置更换

1. 安全注意事项

(1) 断开与断路器相关的各类电源并确认无电压。

(2) 拆下的控制回路及电源线头所作标记正确、清晰、牢固，防潮措施可靠。

2. 关键工艺质量控制

(1) 拆除时记录二次接线标号。

(2) 新带电显示装置与原基础相符。

(3) 新带电显示装置安装按旧标号接线，接线牢固可靠，带电显示装置安装牢固。

(4) 校验带电显示装置正常，带电显示装置与柜体的连锁装置正常。

5.2.26 断路器及隔离开关辅助开关更换

1. 安全注意事项

(1) 断开与断路器及隔离开关相关的各类电源并确认无电压。

(2) 拆下的控制回路及电源线头所作标记正确、清晰、牢固，防潮措施可靠。

(3) 工作前，操作机构应充分释放所储能量。

2. 关键工艺质量控制

(1) 拆除时应记录二次接线标号。

(2) 选取的新辅助开关与旧辅助开关型号一致。

(3) 新辅助开关安装按旧标号接线，接线牢固可靠。

(4) 辅助开关切换正确可靠、无卡涩。

(5) 辅助开关更换后，断路器分合指示正确，分合正常。

5.2.27 行程开关更换

1. 安全注意事项

(1) 断开与断路器相关的各类电源并确认无电压。

（2）拆下的控制回路及电源线头所作标记正确、清晰、牢固，防潮措施可靠。

（3）工作前，操作机构应充分释放所储能量。

2. 关键工艺质量控制

（1）拆除时记录二次接线标号。

（2）选取的新行程开关与旧行程开关型号一致。

（3）按旧标号接线，接线牢固可靠。

（4）测试动作正常。

5.2.28　空气开关更换

1. 安全注意事项

拆下的控制回路及电源线头所作标记正确、清晰、牢固，防潮措施可靠。

2. 关键工艺质量控制

（1）拆除时记录二次接线标号，拆除的二次接线用绝缘胶带包好，防止二次接线短路。

（2）与旧开关参数一致，空气开关额定电流及动作值满足要求，并注意级差配合。

（3）安装按旧标号接线，接线牢固可靠。

（4）测试动作正常。

5.2.29　分、合闸指示灯更换

1. 安全注意事项

拆下的控制回路及电源线头所作标记正确、清晰、牢固，防潮措施可靠。

2. 关键工艺质量控制

（1）拆除时记录二次接线标号，同时做好防二次线短路措施。

（2）选取的新指示灯安装匹配，安装前，用万用表测量新指示灯电阻值，电阻值满足要求，避免因新指示灯短路接入二次回路后造成直流短路。

（3）新指示灯安装按旧标号接线，接线牢固可靠。

（4）指示灯安装完成后，校验指示灯工作正常。

5.2.30　SF_6 开关柜充气、检漏

1. 安全注意事项

（1）对户内设备，入口处若无 SF_6 含量显示器，应先开启强排通风装置 15min，监测工作区域空气中的 SF_6 含量，当 SF_6 含量不超过 $1000\mu L/L$ 且含 O 量不低于 18％ 时方可进入，工作过程中应当保持通风装置运转。

（2）从 SF_6 气瓶中引出 SF_6 时，应使用减压阀降压。运输和安装后第一次充气时，充气装置中应包括一个安全阀，以免充气压力过高引起设备损坏。

（3）避免装有 SF_6 的气瓶靠近热源或受阳光暴晒。

（4）气瓶轻搬轻放，避免受到剧烈撞击。

（5）用过的 SF_6 气瓶应关紧阀门，盖上瓶帽。

2. 关键工艺质量控制

（1）新 SF_6 应经检测合格，充气管道和接头应进行清洁、干燥处理，严禁使用橡胶管道，充气时应防止空气混入。

（2）宜采用液相法充气（将钢瓶放倒，底部垫高约 30°），使钢瓶的出口处于液相。对于进口气体，可以采用气相法充气。

（3）充气速率不宜过快，以气瓶底部不结霜为宜。环境温度较低时，液态 SF_6 不易气化，可对钢瓶加热（不能超过 40℃），提高充气速度。

（4）当气瓶内压力降至 0.1MPa 时，应停止充气。充气完毕后，应称钢瓶的质量，以计算气瓶内气体的质量，瓶内剩余气体质量应标出。

（5）柜体内充气 24h 之后应进行密封性试验。

（6）充气完毕静置 24h 后进行含水量测试检测，必要时进行气体成分分析。

5.3 常见问题及整改措施

5.3.1 柜体无出厂铭牌

【问题描述】开关柜本体无出厂铭牌、出厂铭牌不清晰，难以辨识，如图 5-1 所示。

【违反条款】铭牌完整清晰。

【整改措施】联系厂家安装设备铭牌，同时更换不清晰出厂铭牌，铭牌应清晰可识别，如图 5-2 所示。

图 5-1 开关柜体无出厂铭牌　　　　图 5-2 开关柜体铭牌清晰

5.3.2 运行编号标识脱落

【问题描述】开关柜本体运行编号标识脱落，如图 5-3 所示。

【违反条款】母线相序及运行编号标识清晰可识别。

【整改措施】对于脱落的运行编号标识牌进行整改，如图 5-4 所示。

图 5-3　开关柜本体运行编号标识脱落　　　图 5-4　开关柜本体运行编号标识完整

5.3.3　带电显示装置指示灯无法正常显示

【问题描述】带电显示装置指示灯无法正常显示，如图 5-5 所示。

【违反条款】带电显示装置显示正常，自检功能正常。

【整改措施】对于带电显示装置进行更换，如图 5-6 所示。

图 5-5　带电显示装置指示灯无法正常显示　　　图 5-6　带电显示装置指示灯显示正常

5.3.4　开关位置指示灯无法正确显示

【问题描述】分合闸指示灯及带电显示装置指示灯无法正确显示，如图 5-7 所示。

【违反条款】手动分、合闸操作中，分、合闸指示灯和储能指示灯正常。手车断路器实际位置与位置指示灯显示一致。

【整改措施】更换无法正常工作的分、合闸指示灯和带电显示装置指示灯，如图 5-8 所示。

图 5-7 开关位置指示灯无法正确显示

图 5-8 开关位置指示灯显示正常

5.3.5 密度继电器压力指示不正常

【问题描述】开关柜内密度继电器压力指示不正常,如图 5-9 所示。

【违反条款】SF$_6$ 密度继电器指示压力正常,表计外观正常,无渗漏油。

【整改措施】将开关柜内密度继电器压力指示进行调整,如图 5-10 所示。

图 5-9 密度继电器压力指示不正常

图 5-10 密度继电器压力指示正常

5.3.6 电流互感器外绝缘表面不清洁

【问题描述】开关柜内电流互感器外绝缘表面不清洁,有劣化,如图 5-11 所示。

【违反条款】外观清洁,无破损。

【整改措施】将开关柜内电流互感器外绝缘表面进行清洁处理,严重时更换,如图 5-12 所示。

5.3.7 避雷器外绝缘表面不清洁

【问题描述】开关柜内避雷器外绝缘表面不清洁,有脏污破损,如图 5-13 所示。

【违反条款】外观清洁,无破损。

【整改措施】将开关柜内避雷器外绝缘表面进行清洁处理，严重时更换，如图 5 - 14 所示。

图 5 - 11 电流互感器外绝缘劣化 　图 5 - 12 电流互感器外绝缘无劣化

图 5 - 13 避雷器外绝缘表面不清洁 　图 5 - 14 避雷器外绝缘表面洁净

5.3.8 母线桥绝缘包覆有破损、脱落现象

【问题描述】开关柜母线桥绝缘包覆有破损、脱落现象，如图 5 - 15 所示。

【违反条款】母线绝缘护套完整，包封严密。

【整改措施】将开关柜母线桥绝缘包覆有破损、脱落部分更换，如图 5 - 16 所示。

5.3.9 母线桥绝缘子表面有积灰现象

【问题描述】开关柜母线桥绝缘子表面有积灰现象，如图 5 - 17 所示。

【违反条款】隔离开关绝缘子表面清洁，无损伤和爬电痕迹。

【整改措施】将开关柜母线桥绝缘子表面的积灰清理干净，如图 5 - 18 所示。

图 5-15 母线桥绝缘包覆有脱落

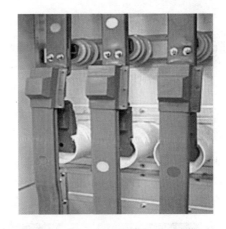

图 5-16 母线桥绝缘包覆无脱落

图 5-17 母线桥绝缘子表面有积灰

图 5-18 母线桥绝缘子表面清洁

5.3.10 绝缘件破裂

【问题描述】绝缘件破裂，如图 5-19 所示。

【违反条款】绝缘件表面清洁，无变色和开裂。

【整改措施】更换绝缘件，如图 5-20 所示。

图 5-19 绝缘件破裂

图 5-20 绝缘件完整

141

5.4.1　等电位接触不良故障

　　检修时发现 35kV 2 号电容器开关柜与 4 号电容器开关柜间穿墙套管有放电痕迹，B、C 相套管损坏，均压弹簧损坏，如图 5-21 所示。

　　2 号电容器开关柜与 4 号电容器开关柜间穿墙套管 B、C 相均有放电现象，具体放电部位为母排均压弹簧处，如图 5-22 和图 5-23 所示。

图 5-21　穿墙套管处放电痕迹

图 5-22　均压弹簧处放电

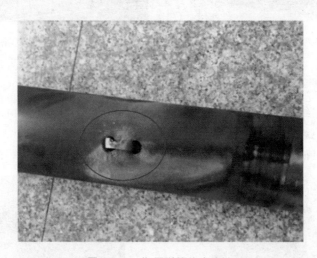

图 5-23　均压弹簧放电痕迹

　　柜内母排为中空 D 形铜排，在铜排和穿墙套管内壁之间装有一片均压弹簧，使铜排与穿墙套管内壁之间等电位，起到均压作用，防止尖端放电，其工作原理如图 5-24 所示。此批设备均压弹簧型号较老（图 5-25），其结构设计存在固定不可靠的缺陷，在安装运行过程中易发生均压弹簧变形，导致与套管内壁之间存在间隙，引起放电。

　　均压弹簧、均压线安装不良导致的放电在开关柜放电中占很大一部分，安装和检修中

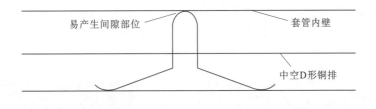

图 5-24 均压弹簧工作原理

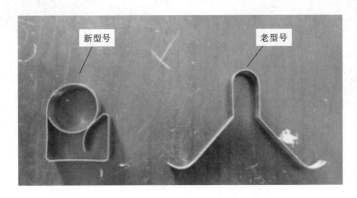

图 5-25 新旧均压弹簧

应重视对均压弹簧、均压线的检查。

5.4.2 绝缘件破裂故障

2018 年 3 月，××变 35kV Ⅰ 段母线停役，检修人员发现有 3 只开关柜触头盒断裂，第 3 天发现又有 1 只开关柜触头盒断裂。

作业人员到现场后，将 35kV Ⅰ 段母线 9 只开关柜绝缘件（包括母线穿柜套管、触头盒、牛角板）的其中 7 只开关柜全部更换，24h 后发现 35kV 母分开关柜上触头盒 B、C 相和 1 号接地变开关柜内上触头盒 C 相断裂。48h 后发现 35kV 桥赤 3787 开关柜上触头盒 A 相断裂，且 4 只触头盒均为上触头盒，断裂位置都为同一部位，即触头盒连接板浇筑部位，该部位所受拉应力最大，如图 5-26～图 5-28 所示。

图 5-26 存在断裂的触头盒

故障分析如下：

（1）开关柜触头盒连接板断裂部位属于应力集中部位，受力最薄弱，当触头盒连接板螺栓（左右各 3 个螺栓）紧固后，触头盒两侧在持续受拉应力作用下，导致触头盒拉升强度、弯曲强度降低，拉应力最集中部位（即触头盒受力最薄弱部位）断裂，触头盒受力分析如图 5-29 所示。力学性能不合格是导致触头盒连接板发生断裂的主要原因之一。

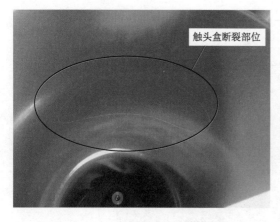

图 5-27　断裂未拆除状态的触头盒

图 5-28　触头盒断裂层表面

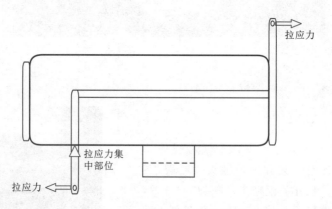

图 5-29　触头盒受力分析

（2）从断裂部位分析，4 只触头盒都是开关柜上触头盒，且都是同一部位；从触头盒断裂层表面观察，4 只触头盒断裂表面形貌基本一致，断裂表面没有砂孔及其他颗粒状异物缺陷，也没有分层现象，裂纹边缘没有孔洞与微裂纹，都属于脆性断裂。

5.4.3　开关无法操作故障

5.4.3.1　电机烧毁故障

××变 4 号电容器开关储能空开跳开并无法合上检查处理。

现场检查时闻到一股焦味，判断电机烧毁，于是进行电机更换。

将开关手车下部面板拆除，其间要将紧急分、合闸脱扣器拆除，拆除时主要注意点为脱扣器连杆，伸入到上部有一并帽，用小开口松动螺帽开关面板如图 5-30 所示。

拆开面板后的操作机构内部结构如图 5-31 所示（红色圈内部分是储能单元）。

图 5 - 30　开关面板

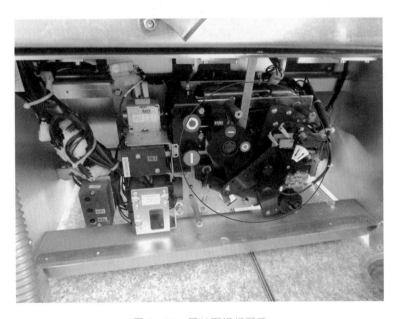

图 5 - 31　开关面板打开后

储能电机位置位于机构右下角，如图 5 - 32 所示。

该电机共有 3 个安装螺栓，分别位于 3 个角，其中左下角的螺栓被储能凸轮挡住，位置隐蔽，较难拆除。

由于螺栓采用的是防松螺栓，并且出厂时力矩设置较高，建议采用棘轮扳手或套筒。同时螺栓与相邻部件（电机头以及凸轮）距离较近，建议将储能复归弹簧松开，脱开储能掣子，使得凸轮得以活动，并且电机头也能自由转动，这样左下角的安装螺栓就能显露出来，同时另两颗螺栓也能根据具体位置调节电机头顺利拆除，如图 5 - 33 所示。

图 5-32　储能电机安装位置

图 5-33　机构内部结构

最后把烧毁的储能电机接线拆除，如图 5-34 所示。

更换完毕后对开关进行分合操作，第一次远方操作成功，第二次就地操作开关分合正常，但储能电机持续运转。检查发现储能已到位，判断为储能微动开关接触不良导致。之后更换微动开关再行操作开关，远方就地操作 2 次均正常。

总结整个消缺过程，分析推断引起此次缺陷的根本原因是储能微动开关接点接触不良，缺陷发生时由于微动开关未能断开，导致储能已到位，而微动开关常闭接点仍在接通状态，使得储能回路一直处于闭合状态，电机长期运转从而烧毁。

5.4.3.2 线圈烧毁故障

××变 4 号电容器开关发控制回路断线。开关分位时正常，合闸后发控制回路断线。

从航空插头测量分闸回路不通，打开开关面板发现线圈已经发黑，测量电阻不正确，判断已经烧坏，如图 5-35 所示。更换分闸线圈后，插上航空插头，控制回路断线信号消失，如图 5-36 所示。

5.4.3.3 机构卡死故障

220kV ××变 1 号电容器开关无法分闸，远方分闸失败后，曾尝试使用紧急分闸按钮进

图 5-34 烧毁的储能电机

行分闸，但仍然失败。于是检修人员在停电后打开柜门，发现开关分合位置指示不清（图 5-37），可以看见合闸位置指示的一角，由此判断此开关机构在动作时由于某种原因发生卡涩，分闸不到位。无法继续分闸。

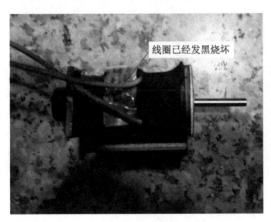

图 5-35 烧毁的线圈

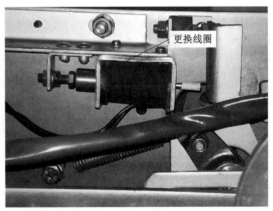

图 5-36 更换新的线圈

检修人员将开关拉出柜外，柜内地面上发现一螺母和变形的垫片，考虑为机构内某处螺母松脱，导致连杆变形，如图 5-38 所示。

打开开关前封板，按下按钮后，可视部分机构联动正常，无卡涩点，但仍然无法继续分闸。于是检修人员打开后封板，发现开关机构输出轴与动触头之间的连杆发生偏离，导致卡死，如图 5-39 所示。

进一步检查，连杆下部与机构连接处螺母脱落，导致连杆发生偏移，为此次故障发生的主要原因，如图 5-40 所示。

该变电站的 3 号电容器开关也发生过类似缺陷。3 号电容器开关机构分、合正常，但开关本体不能随机构一起分、合，经检查发现为连杆螺母脱落，导致连杆与机构分离，厂家到现场更换了螺栓和螺母。

遇到类似缺陷并不是偶然发生，需要引起注意，适时对此型号的开关进行检查。

图 5 - 37　机构面板

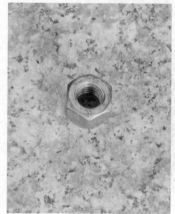

图 5 - 38　机构附近脱落的螺母

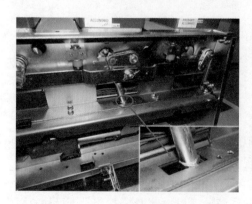

图 5 - 39　机构主传动杆顶死

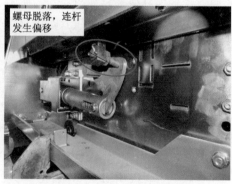

图 5 - 40　螺母脱落，连杆位移

5.4.4 开关柜环境隐患

年检时发现某新投运变电站在开关室粉尘厚积程度非常严重，如图 5-41 和图 5-42 所示。

图 5-41 绝缘件表面积灰严重

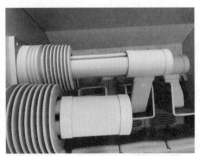

图 5-42 绝缘件表面积灰严重

开关柜内底部粉尘厚积严重，开关手车的触头上也有粉尘覆盖，现场打开顶部面板及桥架面板可以发现内部的粉尘厚积现象同样严重。

现场人员使用吸尘器和干毛巾等对开关柜进行清扫，如图 5-43 所示。

图 5-43 绝缘件清扫后

经过了解，形成粉尘厚积现象有以下原因：

（1）基建部门在 35kV 开关室进行墙体粉刷时，对开关柜的保护措施不够有效。因此在基建阶段就有较多粉尘进入到开关柜中，形成初步积落。

（2）进行墙体粉刷的材料质量和粉刷工艺不佳，用手接触室内墙体依然可以沾上较多粉尘。所以说明在开关室内正常运行的通风环境中，有大量的粉尘脱落，通过空气循环进入开关柜内部，进而形成粉尘厚积

若任由粉尘覆盖在设备表面，会使开关柜的绝缘结构形成薄弱环节。当开关室内空气湿度、温度变化时，开关柜绝缘性能将会降低，极易发生闪络，造成故障，甚至可能会引发放电、爆炸等极其严重的后果，因此在检修中应对粉尘进行清扫。

5.4.5　开关过热导致柜烧毁故障

110kV ××变 1 号主变差动保护动作，跳主变两侧开关，运行人员现场检查发现开关室内有严重的焦糊味，且有浓烟，1 号主变 10kV 插头小车拉不出。

经检查 1 号主变 10kV 插头柜内 B 相主变侧触头盒烧损，插头小车对应 B 相上触头同样存在烧损情况，如图 5-44 和图 5-45 所示。由于柜内母线室内存在金属隔板，火势往上走，熏坏 1 号主变 10kV 进线套管，未烧损铜排，仅烧损了对应的铜排热缩套，熏黑了柜体及对应的上侧天花板，未对处于柜体下侧的电流互感器和仪表室内的二次线造成损伤，现场进行了灭火处理（通过干粉灭火器进行灭火），熄灭火源。

图 5-44　插头小车烧毁　　　　　图 5-45　插头柜内触头盒烧毁

手车与柜体各种加工误差的积累引起操作的不到位或局部变形，引起触头接触部位接触电阻增大，造成温度升高过热，最终烧毁外绝缘，发生内部接地故障。

第 6 章

站用交直流电源系统检修

⚡ 6.1 站用交流电源系统检修

6.1.1 专业巡视要点

6.1.1.1 站用交流电源柜巡视

（1）电源柜安装牢固，接地良好。

（2）电源柜各接头接触良好，线夹无变色、氧化和发热变红等。

（3）电源柜及二次回路各元件接线紧固，无过热、异味和冒烟，装置外壳无破损，内部无异常声响。

（4）电源柜装置的运行状态、运行监视正确，无异常信号。

（5）电源柜上各位置指示、电源灯指示正常，检查装置配电柜上各切换开关位置正确，交流馈线低压断路器位置与实际相符。

（6）电源柜上装置连接片投退正确。

（7）母线电压指示正常，所用交流电压相间值应不超过 420V、不低于 380V，且三相不平衡值应小于 10V。三相负载应均衡分配。

（8）站用电系统重要负荷（如主变压器冷却器、低压直流系统充电机、不间断电源、消防水泵等）应采用双回路供电，且接于不同的站用电母线段上，并能实现自动切换。

（9）低压熔断器无熔断。

（10）电缆名称编号齐全、清晰、无损坏，相色标识清晰，电缆孔洞封堵严密。

（11）电缆端头接地良好，无松动、断股和锈蚀，单芯电缆只能一端接地。

（12）低压断路器名称编号齐全，清晰无损坏，位置指示正确。

（13）多台站用变压器低压侧分列运行时，低压侧无环路。

（14）低压配电室空调或轴流风机运行正常，室内温湿度在正常范围内。

6.1.1.2 站用交流不间断电源系统（UPS）巡视

（1）站用交流不间断电源系统风扇运行正常。

（2）屏柜内各切换把手位置正确。

（3）出线负荷开关位置正确，指示灯正常，开关标识齐全。

（4）屏柜设备、元件应排列整齐。

（5）面板指示正常，无电压和绝缘异常告警。

（6）输出电压、电流正常。

（7）环境监控系统空调风机、各类传感器等辅助系统中的现场设备运行应正常、无损伤。

（8）站用逆变电源控制操纵面板显示运行状态正常，无异音、故障和报警信息。

（9）站用逆变电源接线桩头、铜排等连接部位无过热痕迹。

（10）站用逆变电源所带负载量和电池后备时间无变化。

（11）站用逆变电源机柜上的风扇运行正常，排空气的过滤网应无堵塞。

6.1.2 检修关键工艺质量控制要求

6.1.2.1 整体更换

（1）各接线名称、相别、相序应正确，并做好标识。

（2）拆除原交流屏接线时，做好绝缘处理。

（3）交流屏安装应可靠接地。

（4）接线及交流进线电缆连接正确、紧固。

（5）空载试运行应正常。

6.1.2.2 站用低压断路器检修

（1）外壳应完整无损。

（2）按产品技术文件（说明书）检查导电回路连通情况。

（3）用手缓慢分、合闸，检查辅助触点的动断、动合工作状态应符合规程要求，同时，清擦其表面，对损坏的触头应予及时更换。

（4）低压断路器脱扣器的衔接和弹簧活动正常，动作应无卡阻，电磁铁工作极面应清洁平滑，无锈蚀、毛刺和污垢。

（5）热元件的各部位无损坏，间隙符合规程要求，机构应可靠动作，应加润滑油。

（6）低压断路器手动操作开关储能正常，分、合闸位置指示正确。

6.1.2.3 站用静态备用电源自动投入装置检修

（1）按厂家要求顺序进行拆卸。

（2）快速电源自投装置中的继电器固有动作时间应符合产品设计要求。

（3）当电压互感器二次回路断线时，装置不应动作，并发出断线信号。

（4）电源自投装置只允许动作一次。

（5）应有过负荷和电动机自启动所引起误动作的闭锁措施。

（6）应具有防止电源自动投于故障母线或故障设备的措施。

（7）电源自投装置动作后，应有灯光显示并向主站和后台机发出信号。

（8）装置的带电部分和非带电金属部分及外壳之间，以及电气上无联系的各带电电路之间绝缘电阻应符合要求。

6.1.2.4 站用动力电缆检修

（1）电缆型号、规格及敷设应符合设计要求。

（2）电缆终端及接头应优先采用合格的成品附件。

（3）电缆外观应无损伤，绝缘良好，弯曲半径应符合要求。

（4）电缆各部位接头紧固，接触良好。

（5）电缆相序正确，标识清楚，必要时进行二次核相。

（6）电力电缆在终端头与接头附近宜留有备用长度。

（7）电缆应使用阻燃电缆，非阻燃电缆的应按规定涂防火涂料。

6.1.2.5 站用低压交流系统接地检修

（1）电缆的屏蔽及铠装应可靠接地。

（2）高频回路中外露导体和电气设备的所有屏蔽部分和与其连接的金属管道均应接地。

（3）自然接地体与人工接地体连接处应有便于分开的断接卡，断接卡应有保护措施。

（4）接地线的连接应保证接触可靠。

（5）在与公路、铁路或管道等交叉及其他可能使接地线遭受损伤处，均应用管子或角钢等加以保护。

（6）接地线在穿过墙壁，楼板和地坪处应加装钢管或其他坚固的保护套，有化学腐蚀的部位还应采取防腐措施。

6.1.2.6 站用交流不间断电源系统检修

（1）各连接件和插接件应无松动和接触不牢。

（2）放电前应先对电池组进行均衡充电。

（3）落后电池处理后再作核对性放电实验。

（4）对标识电池应定期测量并做好记录。

（5）清洁并检测电池两端电压、温度；连接处应无松动、腐蚀，检测连接条压降；电池外观应完好，无壳变形和渗漏；极柱、安全阀周围应无酸雾逸出；主机设备应正常。

（6）当 UPS 电池系统出现故障时，应先查明原因，分清是负载还是 UPS 电源系统；是主机还是电池组。主机应在无故障情况下才能重新启动。

（7）当电池组中发现电压反极、压降大、压差大和酸雾泄漏的电池时，应及时采用相应的方法恢复和修复，对不能恢复和修复的要更换，但不能把不同容量、不同性能、不同厂家的电池连在一起，否则可能会对整组电池带来不利影响。寿命已过期的电池组应及时更换。

（8）逆变电源整体更换工作需要在相关厂家的配合和指导下进行拆卸或更换。

（9）逆变电源各部件应保持清洁。

（10）逆变电源各连接件和插接件应无松动和接触不牢情况。

（11）逆变电源电池系统应无异常。

（12）逆变电源装置的硬件配置、标注及接线等应符合图纸要求。

（13）逆变电源装置各插件上的元器件的外观质量、焊接质量应良好，所有芯片应插紧，型号正确，芯片放置位置正确。

（14）逆变电源电子元件、印刷线路、焊点等导电部分与金属框架间距应符合要求。

（15）逆变电源装置的各部件应固定良好，无松动，装置外形应端正，无明显损坏及变形。

（16）逆变电源各插件应插、拔灵活，各插件和插座之间定位良好，插入深度合适。

（17）逆变电源装置的端子排连接应可靠，标号应清晰正确。

（18）逆变电源切换开关及模块、按钮、键盘等应操作灵活、手感良好。

（19）切勿带感性负载，以免损坏。

（20）逆变电源放电后应及时充电，避免电池因过度自放电而损坏。

（21）在进行逆变连接时，输入与输出的极性应连接正确。

6.1.3　常见问题及整改措施

6.1.3.1　交流屏上空开标签不清晰

【问题描述】交流屏上空开标签不清晰。

【违反条款】交流屏上空开标签、指示标签齐全、正确。

【整改措施】重贴交流屏上空开标签。

6.1.3.2　所用电动力电缆非铠装防火电缆

【问题描述】所用电动力电缆非铠装防火电缆。

【违反条款】所用电动力电缆应采用铠装防火电缆独立敷设，不得与电缆沟其他电缆混沟；不具备独立敷设条件的，宜采取加装电缆防火槽盒、涂防火涂料、灌沙等临时性措施。

【整改措施】制订更换计划，更换前加装电缆防火槽盒、涂防火涂料、灌沙等临时性措施。

6.1.4　典型故障案例

××变进行所用变倒闸操作，将1号所用变的负荷倒至2号所用变，手动拉开1号所用变低压开关后，2号所用变低压开关合上，但过20s左右自行跳开。

变电检修室发现2号所用变低压开关过流保护动作，经过检查判断为线路瞬时故障导致的开关保护跳闸，此外，检查过程中还发现继电器故障导致开关无法合闸，更换后恢复正常。

设备状态：1号所用变低压开关、所用变母分开关处于合位，由1号所用变带两段所用电运行，倒闸操作将负荷倒向1号所用变后，20s左右2号所用变低压开关跳开。现场已将合上1号所用变低压开关，负荷倒回1号所用变，恢复了初始状态。

到达现场后发现开关左上角复归按钮处于动作状态，因此判断开关本身的过流保护发生动作,如图6-1所示。

先检查了2号所用变低压开关自身过流保护的整定值,如图6-2所示整定值与整定单给定的值相符,无异常,开关跳闸与整定值设置无关。

图6-1 开关过流保护动作

图6-2 开关过流保护整定情况

值班员告知,2号所用变低压开关跳闸后,发现主控室交流分屏上的"后台机交流电源空开"处于跳开状态(此后将负荷倒回1号所用变后,已合上该空开,未再次跳开),因此初步判断后台机交流电源空开回路曾经存在瞬时短路,导致2号所用变低压开关过流动作跳开,瞬时故障结束后,合上台机交流电源开关不再跳开。

⚡ 6.2 站用直流电源系统检修

6.2.1 专业巡视要点

6.2.1.1 蓄电池组巡视

(1)蓄电池室通风、照明及消防设备完好,温度符合要求,无易燃、易爆物品。

(2)蓄电池组外观清洁,无短路和接地。

(3)各连片连接可靠无松动。

(4)蓄电池外壳无裂纹、鼓肚和漏液,呼吸器无堵塞,密封良好。

(5)蓄电池极板无龟裂、弯曲、变形、硫化和短路,极板颜色正常,极柱无氧化和生盐。

(6)无欠充电和过充电。

(7)典型蓄电池电压在合格范围内。

(8)蓄电池室的运行温度宜保持为15~30℃。

6.2.1.2 充电装置巡视

1. 充电模块

(1)交流输入电压、直流输出电压和电流显示正确。

(2)充电装置工作正常,无告警。

（3）风冷装置运行正常，滤网无明显积灰。

2. 母线调压装置

（1）在动力母线（或蓄电池输出）与控制母线间设有母线调压装置的系统，应采用严防母线调压装置开路造成控制母线失压的有效措施。

（2）直流控制母线、动力母线电压值在规定范围内，浮充电流值符合规定。

3. 电压、电流监测

（1）充电装置交流输入电压和直流输出电压、电流正常，表计指示正确，保护的声、光信号正常，运行声音无异常。

（2）电池监测仪应实现对每个单体电池电压的监控，其测量误差应不超过 2‰。

4. 充电装置的保护及声、光报警功能

（1）充电装置应具有过流、过压、欠压、交流失压、交流缺相等保护及声、光报警功能。

（2）额定直流电压 220V 系统过压报警整定值为额定电压的 115％、欠压报警整定值为额定电压的 90％、直流绝缘监察整定值为 25kΩ。

（3）额定直流电压 110V 系统过压报警整定值为额定电压的 115％、欠压报警整定值为额定电压的 90％、直流绝缘监察整定值为 15kΩ。

6.2.1.3　直流屏（柜）巡视

（1）各支路的运行监视信号完好，指示正常，直流断路器位置正确。

（2）柜内母线、引线应采取硅橡胶热缩或其他防止短路的绝缘防护措施。

（3）直流系统的馈出网络应采用辐射状供电方式，严禁采用环状供电方式。

（4）直流屏（柜）通风散热良好，防小动物封堵措施完善。

（5）柜门与柜体之间应经截面积不小于 $4mm^2$ 的多股裸体软导线可靠连接。

（6）直流屏（柜）设备和各直流回路标识清晰正确，无脱落。

（7）各元件接线紧固，无过热、异味和冒烟，装置外壳无破损，内部无异常声响。

（8）引出线连接线夹应紧固，无过热。

（9）交直流母线避雷器应正常。

6.2.1.4　直流系统绝缘监测装置巡视

（1）直流系统正对地和负对地的（电阻值和电压值）绝缘状况良好，无接地报警。

（2）装有微机型绝缘监测装置的直流电源系统应能监测和显示其各支路的绝缘状态。

（3）直流系统绝缘监测装置应具备"交流窜入"以及"直流互窜"的测记、选线及告警功能。

（4）220V 直流系统两极对地电压绝对值差不超过 40V 或绝缘未降低到 25kΩ 以下，110V 直流系统两极对地电压绝对值差不超过 20V 或绝缘未降低到 15kΩ 以下。

6.2.1.5　直流系统微机监控装置巡视

（1）三相交流输入、直流输出、蓄电池和直流母线电压正常。

（2）蓄电池组电压、充电模块输出电压和浮充电的电流正常。

（3）微机监控装置运行状态以及各种参数正常。

6.2.1.6 直流断路器、熔断器巡视

（1）直流回路中严禁使用交流空气断路器。

（2）直流断路器位置与实际相符，熔断器无熔断，无异常信号，电源灯指示正常。

（3）各直流断路器标识齐全、清晰、正确。

（4）各直流断路器两侧接线无松动和断线。

（5）直流断路器、熔断器接触良好，无过热。

（6）使用交直流两用空气断路器应满足开断直流回路短路电流和动作选择性的要求。

（7）蓄电池组、交流进线、整流装置直流输出等重要位置的熔断器、断路器应装有辅助报警触点。无人值班变电站的各直流馈线断路器应装有辅助与报警触点。

（8）除蓄电池组出口总熔断器以外，其他地方均应使用直流专用断路器。

6.2.1.7 电缆巡视

（1）蓄电池组正极和负极的引出线不应共用一根电缆。

（2）蓄电池组电源引出电缆不应直接连接到极柱上，应采用过渡板连接，并且电缆接线端子处应有绝缘防护罩。

（3）两组蓄电池的电缆应分别铺设在各自独立的通道内，尽量避免与交流电缆并排铺设，在穿越电缆竖井时，两组蓄电池电缆应加穿金属套管。

（4）电缆防火措施完善。

（5）电缆标识牌齐全、正确。

（6）电缆接头良好，无过热。

6.2.2 检修关键工艺质量控制要求

6.2.2.1 蓄电池组整体更换

（1）单体蓄电池内阻测试值应与蓄电池组内阻平均值比较，允许偏差范围为 $\pm 10\%$。

（2）调整运行方式：两段直流母线，两组蓄电池并列运行，将更换的蓄电池组退出直流系统；单组蓄电池，核对临时蓄电池组与运行中直流母线极性保持一致，相互电压差不超过 5V，临时蓄电池组要保持满容量。

（3）蓄电池放置的平台、支架及间距应符合设计要求。

（4）蓄电池应安装平稳，间距均匀，排列整齐；蓄电池间距不小于 15mm，蓄电池与上层隔板间距不小于 150mm。

（5）连接条及蓄电池极柱接线正确，螺栓紧固。

（6）蓄电池及电缆引出线要标明序号和正、负极性。

（7）蓄电池遥测、遥信回路试验正确。

（8）用 1000V 绝缘电阻表测量被测部位，绝缘电阻测试结果应符合以下规定：柜内直流汇流排和电压小母线，在断开所有其他连接支路时，对地的绝缘电阻应不小于 10MΩ；蓄电池组的绝缘电阻，电压为 220V 的蓄电池组不小于 500kΩ；电压为 110V 的蓄电池组不小于 300kΩ。

（9）接入蓄电池巡视仪，检查每只蓄电池单体电压采集正常。

（10）对新蓄电池组进行核对性充放电，容量应达到额定容量的 100%。

（11）新蓄电池组投入运行，确保极性正确。

（12）阀控蓄电池组在同一层或同一台上的蓄电池间宜采用有绝缘的或有护套的连接条连接，不同层或不同台上的蓄电池间采用电缆连接。

（13）大容量的阀控蓄电池宜安装在专用蓄电池室内。容量在 300A・h 以下的阀控蓄电池可安装在电池柜内。

（14）应设有专用的蓄电池放电回路，其直流空气断路器容量应满足蓄电池容量要求。

（15）阀控蓄电池的浮充电电压值应随环境温度变化而修正，其基准温度为 25℃，温度每升高 1℃ 时电压降低 3mV，每降低 1℃ 时电压升高 3mV。

（16）两组蓄电池的直流系统应采用母线分段运行方式，每段母线应分别采用独立的蓄电池组供电，并在两段直流母线之间设联络断路器或隔离开关。

6.2.2.2　阀控蓄电池组容量检验

（1）新蓄电池组在安装调试结束后对蓄电池组进行全容量核对性放电试验，应满足标称容量的 100%。

（2）运行中的蓄电池组容量检验要求如下：

1）阀控式蓄电池组在验收投运后每两年应进行一次核对性放电试验，运行 4 年后应每年进行 1 次核对性放电试验。

2）蓄电池组经过 3 次放充电循环应达到蓄电池额定容量的 80% 以上，否则应安排更换。

3）在原直流系统不断电的条件下，把临时充电机及蓄电池组并入系统，将原直流系统退出后再进行蓄电池组核对性放电试验。注意并入和退出临时充电机及蓄电池组时输出电压与原蓄电池组电压差应不超过 5V。

4）将蓄电池放电仪、蓄电池组经直流断路器正确连接。

6.2.2.3　蓄电池单体检修

（1）蓄电池更换装置正确接在待处理蓄电池的两端。

（2）应保证蓄电池更换装置的接线端子牢固，无松动脱落。

（3）拆下连接片的腐蚀部分进行打磨处理。

（4）对有爬酸、爬碱的蓄电池极柱端子用刷子进行清扫。

（5）蓄电池极柱端子连接片应确保已紧固完好。

（6）蓄电池采集线应紧固，无松动脱落。

6.2.2.4　蓄电池电压采集单元熔丝更换

（1）更换熔丝前，应使用万用表对更换熔丝的蓄电池单体进行电压测试，确认蓄电池电压正常。

（2）更换熔丝取出后，应使用万用表的电阻档测试熔丝良好，是否由于连接弹簧或垫片接触不良造成电压无法采集。

（3）更换中应注意不要将连接弹簧和垫片遗失。

（4）旋开熔丝管时不得过度旋转，以防连接导线过度扭曲而造成断裂。

（5）更换的熔丝应与原熔丝型号、参数一致。

（6）对与电池接线端子连接在一起的蓄电池电压采集电子式熔丝，须将蓄电池接线端子打开才可进行更换作业，作业前需将蓄电池做好防开路措施后，方可进行。

6.2.2.5 充电模块更换

（1）拆除故障充电机模块前，应先将该模块设置退出，并拉开该模块的交流输入断路器。

（2）更换新模块后应设置模块通信地址，合上交流输入断路器。

（3）检查直流充电机运行正常。

（4）采用高频开关电源模块应满足 $N+1$ 配置，并联运行方式模块总数宜不少于 3 块。可带电插拔更换，软启动，软停止。

6.2.2.6 直流屏指示灯更换

（1）更换指示灯前，应先用万用表测试指示灯两端的电压是否正常。

（2）更换指示灯不得断开直流断路器。拆开的电源线应立即包扎并做好标记。

（3）工作中所有拆开的电源接线应拆除一根包扎一根。

（4）更换指示灯后，检查指示灯工作状态应正常。

6.2.2.7 电缆检修

（1）电缆型号、规格及敷设应符合设计。

（2）电缆外观应无损伤，绝缘良好。

（3）电缆各部位接头紧固，接触良好。

（4）电缆正、负极清晰正确，标识清楚。

（5）直流系统的电缆应采用阻燃电缆。

（6）两组蓄电池的电缆应分别铺设在各自独立的通道内，穿越电缆竖井应加穿金属套管。

（7）用防火堵料封堵电缆孔洞。

6.2.2.8 例行检查

（1）直流系统的电缆应采用阻燃电缆。

（2）严禁蓄电池过放电，造成蓄电池不可恢复性故障。

（3）一个接线端子上最多接入线芯截面相等的两芯线。

（4）柜内母线、引线应采用硅橡胶热缩或其他严防短路的绝缘防护措施。

（5）直流电源系统同一条支路中熔断器与直流断路器不应混用，尤其不应在直流断路器的下级使用熔断器。严禁直流回路使用交流断路器。

（6）阀控式密封铅酸蓄电池组的布置：同一层或同一台上的蓄电池间宜采用有绝缘的或有护套的连接条连接，不同一层或不同一台上的蓄电池间采用电缆连接。

（7）蓄电池连接条及蓄电池极柱接线应正确，螺栓紧固。

（8）充电装置交流输入电压，直流输出电压、电流和蓄电池电压正常。

（9）蓄电池极板无弯曲和变形，壳体无鼓胀和变形，无漏液。

（10）直流系统遥测、遥信信息正确、测量蓄电池单体电压和蓄电池组总电压在规定范围内。

（11）直流绝缘监察装置应具备"接地故障"报警功能。

（12）直流断路器和运行方式符合运行规定。

（13）蓄电池室温度、通风、照明、保温设施符合要求。

6.2.3　常见问题及整改措施

6.2.3.1　蓄电池室遮光效果不佳

【问题描述】蓄电池室无遮光膜，如图 6-3 所示。

【违反条款】蓄电池室的运行温度宜保持为 15～30℃。

【整改措施】增加蓄电池室遮光膜，如图 6-4 所示。

图 6-3　蓄电池室无遮光膜　　　　图 6-4　蓄电池室有遮光膜

6.2.3.2　直流馈线屏出线负载未采用直流断路器

【问题描述】直流馈线屏出线负载全部采用熔断器，未采用直流断路器，如图 6-5 所示。

【违反条款】除蓄电池组出口总熔断器以外，其他地方均应使用直流专用断路器。直流电源系统同一条支路中熔断器与直流断路器不应混用，尤其不应在直流断路器的下级使用熔断器。严禁直流回路使用交流断路器。

【整改措施】除蓄电池出口总熔断器以外，其余均应采用直流断路器，如图 6-6 所示。

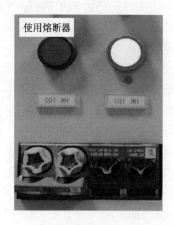

图 6-5　直流馈线屏出线负载采用熔断器　　图 6-6　直流馈线屏出线负载采用直流断路器

6.2.3.3 蓄电池电缆应采用非阻燃电缆

【问题描述】部分老旧变电站的直流系统的电缆采用非阻燃电缆，如图 6－7 所示。

【违反条款】直流系统的电缆应采用阻燃电缆。

【整改措施】更换成阻燃电缆，如图 6－8 所示。

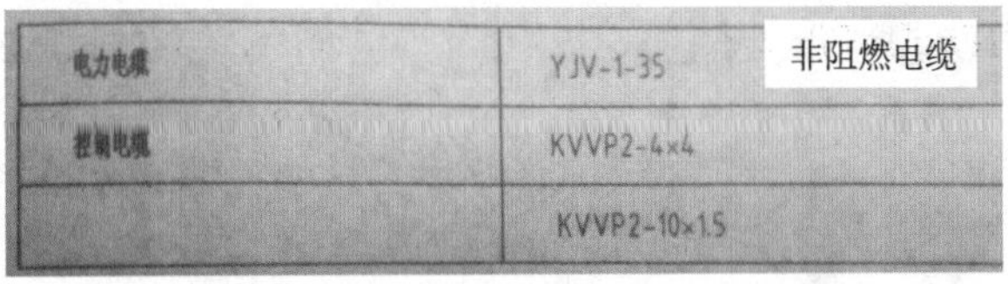
非阻燃电缆
电力电缆
YJV-1-35
控制电缆
KVVP2-4×4
KVVP2-10×1.5

图 6－7　蓄电池电缆采用非阻燃电缆

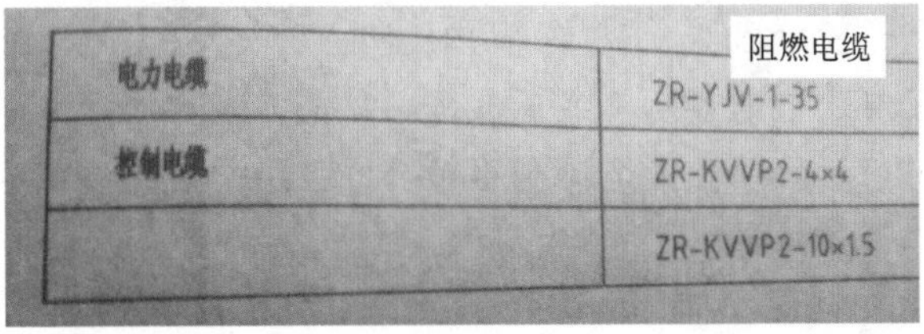
阻燃电缆
电力电缆
ZR-YJV-1-35
控制电缆
ZR-KVVP2-4×4
ZR-KVVP2-10×1.5

图 6－8　蓄电池电缆采用阻燃电缆

6.2.3.4 蓄电池极柱腐蚀、爬盐

【问题描述】某蓄电池由于运行年限长等原因状况恶化，发生漏液、腐蚀等现象，如图 6－9 所示。

【违反条款】蓄电池极板无龟裂、弯曲、变形、硫化和短路，极板颜色正常，极柱无氧化和生盐。蓄电池极板无弯曲变形，壳体无鼓胀和变形，无漏液。

【整改措施】更换单体或整组蓄电池，如图 6－10 所示

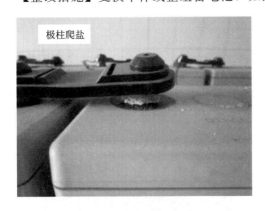

极柱爬盐

图 6－9　蓄电池有漏液

整组更换/单节更换

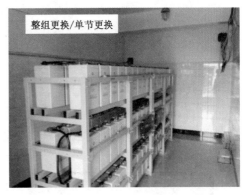

图 6－10　蓄电池无漏液

6.2.3.5 蓄电池试验超周期

【问题描述】蓄电池试验报告缺失，未按照周期进行试验，如图 6－11 所示。

【违反条款】阀控式蓄电池组在验收投运后每两年应进行一次核对性放电试验，运行 4 年后应每年进行一次核对性放电试验。

【整改措施】严格按照周期进行蓄电池核对性充放电，如图6-12所示。

2010××变直流新投运试验报告.doc
2014××变直流试验报告.doc
2017××变直流试验报告.doc

2010××变直流新投运试验报告.doc
2012××变直流试验报告.doc
2014××变直流试验报告.doc
2015××变直流试验报告.doc
2016××变直流试验报告.doc
2017××变直流试验报告.doc

试验超周期

试验按周期进行

图6-11 蓄电池试验末按周期进行　　　图6-12 蓄电池试验按周期进行

6.2.3.6 直流屏表记无显示

【问题描述】直流屏表记无显示，或不准确，如图6-13所示。

【违反条款】充电装置交流输入电压和直流输出电压、电流正常，表计指示正确，保护的声、光信号正常，运行声音无异常。

【整改措施】更换故障表，如图6-14所示。

图6-13 直流屏表记无显示　　　　图6-14 直流屏表记显示正常

6.2.3.7 直流系统绝缘监测装置无交流窜直流故障的测记和报警功能

【问题描述】老旧设备的直流系统绝缘监测装置无具备交流窜直流故障的测记和报警功能，无法判断交流窜入直流系统，如图6-15所示。

【违反条款】直流系统绝缘监测装置应具备"交流窜入"以及"直流互窜"的测记、选线及告警功能。

【整改措施】更换或升级设备，使其具备交流窜直流故障的测记和报警功能，如图6-16所示。

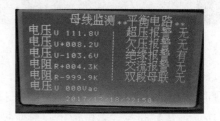

图6-15 不具备交流窜直流报警功能　　　图6-16 具备交流窜直流报警

6.2.4 典型故障案例

6.2.4.1 蓄电池渗液故障

220kV××变2号蓄电池组进行容量核对性试验时，发现××变2号蓄电池组存在严重渗液情况，经检查，该蓄电池组共有32只蓄电池渗液，如图6-17～图6-20所示。

图6-17 80号蓄电池渗液情况

图6-18 2号蓄电池渗液情况

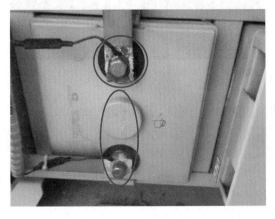

图6-19 60号蓄电池渗液情况

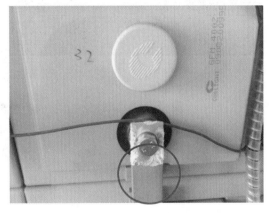

图6-20 32号蓄电池渗液情况

蓄电池一旦发生渗液，若漏液悬挂于蓄电池正负极接线柱间，可造成蓄电池间短路，产生很大的短路电流，后果严重的可能造成蓄电池爆炸起火；若漏液悬挂于地面与蓄电池间，会造成直流系统发生接地短路故障，严重影响直流系统安全运行；若不及时对该漏液情况进行处理，当漏出电解液较多时，会造成蓄电池容量急剧下降，使漏液严重的蓄电池发生开路，从而使整组蓄电池与直流系统发生断路，则该组蓄电池组无法作为该套直流系统的后备电源，对直流系统安全运行造成重大安全隐患。

6.2.4.2 充电机故障

1. 充电机通信中断故障

12月26日，监控OPEN3000系统中"2号直流系统充电机故障""2号直流系统故障"信号频发动作、复归。

现场检查2号充电系统的2号充电模块频繁发故障信号，约5min一次，如图6-21

所示。

12月28日，更换模块后恢复正常。

2. 充电机过热故障

监控信息发××变"直流系统故障"频繁动作，现场检查为微机直流装置上显示整流模块告警，充电模块保护灯亮。现场检查后初步判断为充电模块故障，一般只能通过更换模块解决，更换模块后设备告警复归。但在工作过程中仍发现该型号模块散热风扇不转。风扇停转可能导致模块温度偏高，引起模块保护，如图6-22所示。因此，将故障模块的风扇进行了更换，再安装后不再发故障信号。

图6-21　故障信号频发

图6-22　散热风扇不转引起过热

总结本次故障处理过程，有可能一个小部件的故障就会引起整台充电模块的故障，只更换风扇的消缺方式，既节约了成本又提高了消缺效率，可谓事半功倍。后续还开展了对该型号模块的反措工作。

3. 充电机缺相故障

检修人员接到通知，××变直流系统故障，并且所有充电模块保护灯亮，如图6-23所示，在全部充电模块故障的情况下，直流系统仅仅通过蓄电池带整个系统运行，检修人员立即带着充电模块备品到赶往现场。

图6-23　所有整流模块均无输出

因此，运维人员在检修人员的指导下尝试了监控器重启、充电模块重启，交流电源断开重送后，故障仍然存在。

根据检修经验，6 只模块同时故障的可能性极小，因此推断为模块的交流输入或模块与主监控器的信号连接出现了问题。

于是检修人员测量了交流电源的情况，此时交流 1 号接触器吸合，2 号接触器断开，充电机由 1 路交流供电，在交流接触器下端（输入端）测量交流输入正常，但在接触器上端（输出端）测量时，发现交流电压缺相。将交流输入切换至 2 路后，充电机保护灯灭，开始正常运行。

图 6-24　交流进线接触器

故障发生的原因是由于交流接触器接触不良导致交流缺相，触发充电模块整体保护。

但根据直流系统原理，直流系统能够监控交流进线的电压，及时发出告警；1 号、2 号交流接触器互为备用，并在交流出现失电、缺相等的情况时自动切换。而这次的故障，在 A 相缺相的情况下，直流系统并未发出告警，且不会自动切换。

交流缺相但未发交流故障信号，这是因为交流故障的电压采样点位于接触器下端（输入端），当所用电失电时会自动切换至另一路供电，但无法发现接触器上端（输出端）的缺相故障。建议可在接触器上端（输出端）也设置交流电压采样点，如图 6-25 所示，接触器故障后自动切换。

接触器故障导致交流缺相，从而引起直流整流模块无输出，这种情况在实际运行中发生较少，但一旦发生难以判断原因，需要引起重视。

6.2.4.3　蓄电池渗液导致绝缘降低故障

某日，××变直流系统改造过程中，直流系统发绝缘降低告警，如图 6-26 所示。

绝缘监察继电器告警灯亮（图 6-27），测量直流母线正对地电压 220V，负对地电压 −20V。

由于直流系统改造正在进行，检修人员认为故障出现在改造新接入的设备的可能性较大，于是检查了新接入的设备。

接触器上端没有电压采样点，因此无法识别因为接触器故障引起的缺相

接触器下端有电压采样点

图 6-25　交流进线电压采样

图 6-26　监控屏显示绝缘故障

图 6-27　绝缘监察继电器告警灯亮

检修人员将临时蓄电池组通过放电开关接入系统，并将旧蓄电池组拆除，新增设备为通过放电开关接入直流系统的临时蓄电池组。

对脱离系统的临时蓄电池测量对地电压，正对地电压 220V，负对地电压 -20V，因此确认临时蓄电池组绝缘存在异常。对临时蓄电池进行了检查，结果如下：

（1）检查临时蓄电池电缆无异常。

（2）检查临时蓄电池组外观无异常。

（3）检查每节蓄电池对地电压，临时蓄电池组由 18 只蓄电池组成，17 号蓄电池正极对地电压 4V，负极对地电压 -8V，因此判断接地出现在 17 号蓄电池内部。

将蓄电池组解列，移开 17 号蓄电池，发现蓄电池下方有少量液体，判断为电池电解液泄漏，由于泄漏量少，外观检查难以发现，如图 6-28 和图 6-29 所示。

对蓄电池进行了检查，蓄电池底部附着了少量电解液，由于渗液量少，渗漏位置较难判断。

蓄电池外壳制造时，采用了拼接的方法，将两块壳体拼接在一起制成，是电池壳体的薄弱环节，虽然在一般情况下拼接是可靠的，但由于在改造过程中，蓄电池多次搬运、移动，壳体强度难免下降，加之多次充放电使电解液发热，电池内部空间压力增大，电解液发生泄漏。

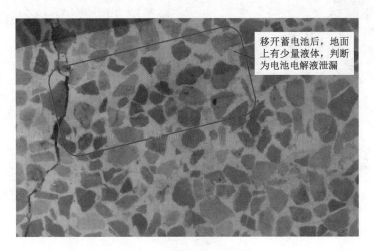

移开蓄电池后，地面上有少量液体，判断为电池电解液泄漏

图6-28 地面有少量液体

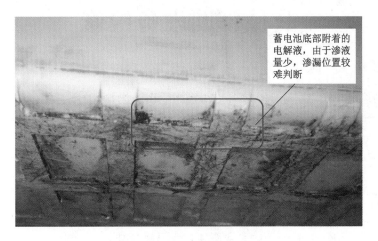

蓄电池底部附着的电解液，由于渗液量少，渗漏位置较难判断

图6-29 蓄电池底部也有液体

在遇到绝缘降低时可通过绝缘监察装置的选路能力选出绝缘降低的回路，若遇到绝缘监查装置选不出绝缘降低的回路时，可用灯泡法一路一路地排除绝缘降低的回路。

第 7 章

其他辅助设备检修

⚡ 7.1　母线及绝缘子

7.1.1　专业巡视要点

7.1.1.1　硬母线巡视

（1）相序及运行编号标识清晰。

（2）导线或软连接无断股、散股和腐蚀，无异物悬挂。

（3）管形母线本体或焊接面无开裂、变形和脱焊。

（4）每节管形母线固定金具应仅有 1 处，并宜位于全长或两母线伸缩节中点。

（5）导线、接头和线夹无过热。

（6）固体绝缘母线的绝缘无破损。

（7）封端球正常无脱落。

（8）管形母线固定伸缩节应无损坏、满足伸缩要求。

（9）管形母线最低处、终端球底部应有排水孔。

7.1.1.2　软母线巡视

（1）相序及运行编号标识清晰。

（2）导线无断股、散股和腐蚀，无异物悬挂。

（3）导线、接头及线夹无过热。

（4）分裂母线间隔棒无松动和脱落。

（5）铝包带端口无张口。

7.1.1.3 地电位全绝缘母线巡视

（1）相序及运行编号标识清晰。

（2）支架、托架、抱箍、固定金具无锈蚀、过热和放电痕迹。

（3）外绝缘无脱皮，过热和放电痕迹。

（4）屏蔽接地线接地牢固可靠。

7.1.1.4 母线金具巡视

（1）无变形、锈蚀、裂纹、断股和折皱现象。

（2）伸缩金具无变形、散股和支撑螺杆脱落现象。

7.1.1.5 母线引流线巡视

（1）引流线无过热。

（2）线夹与设备连接平面无缝隙，螺栓出丝 2～3 螺扣。

（3）引线无断股或松股现象，无腐蚀现象，无异物悬挂。

（4）压接型设备线夹安装角度朝上 30°～90°时，应有直径 6mm 的排水孔，排水口通畅。

7.1.1.6 悬式绝缘子巡视

（1）绝缘子无异物附着，无位移和非正常倾斜。

（2）绝缘子瓷套或护套无裂痕和破损，表面无严重积污。

（3）绝缘子碗头、球头无腐蚀，锁紧销及开口销无锈蚀、脱位和脱落。

（4）绝缘子无放电、闪络和电蚀痕迹。

（5）防污闪涂层完好，无破损、起皮和开裂。

7.1.1.7 支柱绝缘子巡视

（1）支柱绝缘子无倾斜，无破损和异物。

（2）支柱绝缘子外表面及法兰封装处无裂纹，防水胶完好无脱落。

（3）支柱绝缘子表面无严重积污，无明显爬电或电蚀痕迹。

（4）防污闪涂层完好，无破损、起皮和开裂。

（5）增爬伞裙无塌陷变形，表面无击穿，粘接界面牢固。

7.1.2 检修关键工艺质量控制要求

7.1.2.1 硬母线检修

（1）母线清洁无异物，相序颜色正确。

（2）母线接头应接触良好，无过热现象。

（3）螺栓连接接头的平垫圈和弹簧垫圈应齐全。用 0.05mm×10mm 塞尺检查，局部塞入深度不得大于 5mm。

（4）焊接接头表面应无气孔、夹渣、裂纹、未熔合和未焊透等缺陷。

（5）铜铝接头应采用铜铝过渡装置，无接触腐蚀。

（6）母线伸缩节应无疲劳变形、氧化过热和断片。

（7）母线固定器抱箍无裂纹、过热和放电痕迹，紧固螺栓无松动和锈蚀。

7.1.2.2　软母线检修

（1）母线清洁无异物，相序颜色正确。

（2）钢芯铝绞线无断股和松股。

（3）母线与引下线接触良好，无氧化过热，螺接设备线夹螺栓紧固，无锈蚀，压接设备线夹无裂纹。

（4）设备线夹的曲率半径、悬垂线夹不小于被安装导线直径的 8～10 倍；螺栓型耐张线夹不小于被安装导线直径的 8～12 倍。

7.1.2.3　母线金具检修

（1）均压屏蔽金具无裂纹和扭曲变形。

（2）交流母线的固定金具或其他支持金具不应成闭合铁磁回路，且表面应光洁、无毛刺。

（3）母线与金具接触面应连接紧密，连接螺栓应固定牢固，受力均匀，不应使接线端子受到额外应力。

（4）母线安装直线与成列支柱绝缘子安装直线一致，母线不应受额外应力。

（5）压接型设备线夹安装角度朝上 30°～90°时，应有直径 6mm 的排水孔。

7.1.2.4　金属封闭母线检修

（1）母线未受潮，密封良好，相位标识正确。

（2）母线表面无烧痕、放电痕迹。

（3）母线固定器压片无裂纹，紧固螺栓无松动和锈蚀。

（4）绝缘包封无损坏、过热和放电痕迹。

7.1.2.5　母线引流线检修

（1）跨距测量时取两侧挂线板或 U 形环的内口之间的距离。

（2）在挂线架下按导线走向将绝缘子串、金具组装好，金具的布置应与图纸要求一致，距离偏差允许 3%。

（3）线夹的曲率半径、悬垂线夹不小于被安装导线直径的 8～10 倍，螺栓型耐张线夹不小于被安装导线直径的 8～12 倍。

（4）引流导线弧垂、相对地及相线间距离应符合标准要求。

7.1.2.6　悬式绝缘子检修

（1）瓷质绝缘子涂防污闪涂料，增爬裙进行憎水性试验，憎水能力下降达不到防污要求的应复涂。

（2）玻璃绝缘子无裂纹、破碎和放电痕迹，表面应平整、光滑。

（3）复合绝缘子芯棒无变形，伞裙无气泡、缝隙、损伤和龟裂。

（4）锁紧销没有从碗头中脱出。

（5）均压装置材料无损坏和扭曲变形。

（6）绝缘测量、零值检测合格。

7.1.2.7　支柱绝缘子检修

（1）瓷质绝缘子涂防污闪涂料，增爬裙进行憎水性试验，憎水能力下降达不到防污要求的应复涂。

（2）若有断裂、材质或机械强度方面的家族缺陷，对该家族瓷件进行一次超声探伤抽查；经历了5级以上地震后要对所有瓷件进行超声探伤。

（3）瓷质绝缘子水泥胶装剂表面涂有硅橡胶密封严密，无开裂。

（4）复合绝缘子芯棒无变形，伞裙无气泡、缝隙、损伤和龟裂。

7.1.2.8 金属封闭母线绝缘包封作业

（1）热缩管表面清洁无水痕，光滑，无肉眼可见的气孔和龟裂。

（2）热缩管的收缩前内径应不小于标称收缩前内径，长度应不小于标称长度的95%，收缩后内径应大于标称收缩后内径。

（3）热缩管的收缩率及物理机械强度应符合标准规定。

7.1.2.9 软母线及引下线绝缘包封作业

（1）热缩管表面清洁无水痕，光滑，无肉眼可见的气孔和龟裂。

（2）热缩管的收缩前内径应不小于标称收缩前内径，长度应不小于标称长度的95%，收缩后内径应大于标称收缩后内径。

（3）热缩管的收缩率及物理机械强度应符合标准规定。

（4）硅橡胶包封管应无破损，胶粘部位表面平滑，无流胶和开裂。

7.1.3 常见问题及整改措施

7.1.3.1 母线相序

【问题描述】母线相位漆褪色，相序不清晰，如图7-1所示。

【违反条例】母线清洁无异物，相序颜色正确。

【整改措施】刷相色漆或贴相位标识，如图7-2所示。

图7-1 母线相序标识不清晰

图7-2 母线相序标识清晰

7.1.3.2 导线接头或线夹过热

【问题描述】导线接头或线夹过热，如图7-3所示。

【违反条例】导线、接头及线夹无过热。

171

【整改措施】结合停电计划处理导线接头接触面,如图 7-4 所示。

图 7-3 导线接头过热

图 7-4 处理导线接头接触面

7.1.3.3 玻璃悬式绝缘子破损、爆裂

【问题描述】悬式绝缘子破损、爆裂,如图 7-5 所示。

【违反条例】玻璃绝缘子无裂纹、破碎和放电痕迹,表面应平整、光滑。

【整改措施】结合停电计划更换绝缘子,如图 7-6 所示。

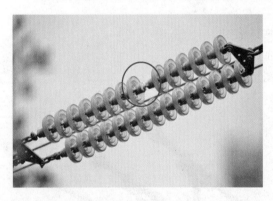

图 7-5 悬式绝缘子破损丢失

图 7-6 悬式绝缘子完好

7.1.4 典型故障案例

7.1.4.1 T形连接金具过热故障

220kV ××变处理 110kV 副母 T 形连接金具过热,运维人员发现××变副母软连接处 C 相红外测温为 55.8℃,其他两相为 17.6℃左右,C 相连接金具过热,金具型号为 MGT-100,与母线一同投运于 2011 年。

为确认过热原因,检修人员将管形母线连接金具打开检查,发现管形母线金具表面存在毛刺,导致接触电阻增大,大电流通过时发生过热,如图 7-7 所示。

1. 故障原因分析

检修人员查看了管形母线其他部位,并未发现毛刺,一般管形母线表面较为光滑,存

图 7-7　过热管形母线表面

在毛刺坑可能性较小，在查看了连接金具内部后，发现金具表面，与管形母线毛刺的相应部位也存在毛刺，可判断毛刺原存在于金具表面，导致电阻过大，引发过热，发热后毛刺受热融化，黏附于管形母线表面，如图 7-8 所示。

图 7-8　过热管形母线金具表面

2. 后续措施

工作人员对接触表面毛刺进行了打磨，确保整体光滑后回装管形母线金具，经过回路电阻测试仪测试电阻合格，如图 7-9 和图 7-10 所示。

图 7-9　对毛刺进行打磨

图 7-10　打磨后

　　管形母线金具过热缺陷大多为接触面存在毛刺引起的。产品在制造时，相比于管形母线的凸表面，管形母线金具的凹表面处理难度更大，更容易出现不光滑的现象，因此，在今后的安装、验收、检修工作中，要注意对管形母线金具接触面的检查，发现毛刺及时处理，提高警惕，必要时进行抽检，及时发现隐患，降低此类缺陷发生的概率，防止设备带病上网。

　　3.××变 110kV 副母软连接过热故障

　　××变存在多处过热缺陷，在此次大修过程中进行了处理，处理过程中发现多起线夹、软连接接触面处理不到位的情况，典型问题如 110kV 副母软连接过热，如图 7-11 所示。

图 7-11　过热红外图

为确认过热原因，检修人员首先对过热部位的接触电阻进行了测量，发现过热部位线夹接触面电阻高达 $500\mu\Omega$，严重超过正常值（约 $20\mu\Omega$），打开接触面后，发现接触面处理不到位，管形母线表面有记号笔留下的痕迹，并且未涂抹导电脂，如图 7-12 所示。

检修人员查看了管形母线、软连接金具及其他部位，并未发现毛刺，一般管形母线表面较为光滑，不存在明显毛刺；容易出问题的软连接金具表面较为光滑，判断不是引起过热故障的原因；连接螺栓较为紧固，判断不是过热的主要原因。管形母线表面有记号笔留下的痕迹，接触面处理不到位，未涂抹导电脂，是引起过热的主因。

工作人员对接触表面进行了清洗打磨，确保整体光滑，并涂抹导电脂后回装管形母线金具，经过回路电阻测试仪测试电阻合格。

图 7-12 过热接触面未处理、未涂抹导电脂

管形母线金具过热缺陷除了由于金具本身的质量问题等客观原因外，对接触面处理不到位也是引起发热的一大原因。为了杜绝接触面处理工艺不到位引起的过热，需要进一步规范接触面处理流程，今后在检修、技改、验收中都需要加强对接触面的关注。

7.2 穿墙套管

7.2.1 专业巡视要点

（1）观察外绝缘有无放电。如有放电，放电不超过第二片伞裙，不出现中部伞裙放电。

（2）外绝缘无破损或裂纹，无异物附着，增爬裙无脱胶和破裂。

（3）电流互感器、套管法兰无锈蚀。

（4）均压环无变形、松动和脱落。

（5）高压引线连接正常，设备线夹无裂纹和过热。

（6）金属安装板可靠接地，不形成闭合磁路，四周无雨水渗漏。

（7）末屏、法兰及不用的电压抽取端子应可靠接地。

（8）油纸绝缘穿墙套管油位指示正常，无渗漏。

（9）套管四周应无危及其安全运行的异常情况。

7.2.2 检修关键工艺质量控制要求

（1）修复外绝缘破损，胶合面防水胶完好，必要时重新涂覆。

（2）修复均压环变形及裂纹等异常，安装牢固。

（3）金属安装板无开裂和变形等异常现象，接地可靠。

（4）引线、接线端子接触良好。

（5）确保末屏接线端子接地可靠。

（6）对金属部件锈蚀部分进行防腐处理。

（7）复合绝缘外套（含防污闪涂料）憎水性检查结果应处于 HC1～ HC3 级，必要时对瓷套管防污闪涂料进行复涂。

（8）必要时更换油塞密封件。

（9）充油穿墙套管油位正常，无渗漏，必要时按照厂家要求进行补油。

7.2.3　常见问题及整改措施

7.2.3.1　穿墙套管引线过热

【问题描述】穿墙套管引线过热，如图 7-13 所示。

【违反条款】高压引线连接正常，设备线夹无裂纹和过热。

【整改措施】及时跟踪，结合停电处理接触面，如图 7-14 所示。

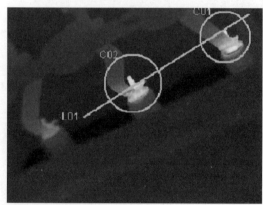

图 7-13　穿墙套管引线过热　　　　　图 7-14　穿墙套管引线温度正常

7.2.3.2　穿墙套管有放电声音

【问题描述】穿墙套管有放电声音。

【违反条款】观察外绝缘有无放电，放电不超过第二片伞裙，不出现中部伞裙放电。

【整改措施】及时跟踪，结合停电检查处理。

7.2.4　典型故障案例

1. 故障情况说明

110kV ××变1号主变110kV 穿墙套管 A 相接头红外测温显示过热，A 相接头温度 62.7℃，B、C 相都是 35.6℃。停电后对 A 相穿墙套管接头进行检查，发现其接线板固定螺栓并未紧固，4颗螺栓都只是初步把螺帽拧上，未用扳手紧固，垫片与接线板间有明显空隙。检查 B、C 相穿墙套管接头，发现这两相的固定螺栓也未紧固，如图 7-15 所示。

对接线板的接触电阻进行了测量，三相阻值均偏大：A 相电阻为 $3500\mu\Omega$，B 相电阻为 $3200\mu\Omega$，C 相电阻为 $201\mu\Omega$。一个接触面的接触电阻值一般要求在 $20\mu\Omega$ 以下。

图 7-15　接线板螺栓未紧固

但从测量结果可以看出，过热的 A 相接头接触电阻最大，但未发热的 B 相接触电阻值也与 A 相相差不多。随后检修人员打开三相接触面检查处理，发现其中 A 相接触面上存在放电灼伤痕迹，如图 7-16 所示，B、C 相无痕迹。

故检修人员推测 A 相过热原因应为线夹接触面内发生放电，电弧能量引起接触面温度升高。

2. 故障原因分析

主要原因为设备安装时接线板固定螺丝未紧固。上下接触面之间压紧力不足，存在一定空隙，同时接线板所连接的导线在重力作用下下压，接线板另一边有翘起的趋势，使有效接触面积进一步减少，接触电阻增大。其中 A、B 相接线板翘起来的弧度更大，所以接触电阻大于 C 相。

检修人员同时了解到××变 1 号主变高压侧负荷电流较小，平常仅为 140A 左右，虽然接触电阻较大，但实际发热较小，温度上升不多，所以 B 相接头测温结果正常。而本次 A 相过热的原因应为 A 相接头接触面间发生间隙放电，电弧能量使得该放电位置温度升高，导致 A 相红外测温数据高于 B、C 两相。

图 7-16　A 相接触面存在放电痕迹

由于接线板固定螺栓未紧固，接触面间隙较大且各处间隙不均匀，雨水、粉尘容易进入接触面，导致接触面状态不断劣化，接触面间隙内电场分布更不均匀，在极端位置产生放电，引起温度升高；并且放电位置产生毛刺，温度升高加剧氧化，形成恶性循环，加重过热情况。同时若接线板未紧固，导线在受到外力作用发生扰动时，也会带动接线板移动，引起接触面状态变化，容易产生不良影响。

3. 后续处理措施

现场对三相接触面进行了清洗，除去 A 相放电位置毛刺，重新涂抹导电膏后将接线

177

板搭接回，并紧固到位。检修人员再次测量三相接触面接触电阻，阻值分别为 $7.0\mu\Omega$、$7.4\mu\Omega$、$6.8\mu\Omega$，接触电阻合格。

在验收工作中应严格把关，认真检查所有螺栓紧固接触面是否都紧固到位，是否满足力矩要求，建议要求施工单位出具关键位置接触面接触电阻测试数据；检修中加强对接触面的检查处理；加强巡视，重视测温，及时处理过热缺陷。

7.3　高压熔断器

7.3.1　专业巡视要点

（1）观察外绝缘有无放电，放电不超过第二片伞裙，不出现中部伞裙放电。

（2）外绝缘无破损和裂纹，无异物附着，增爬裙无脱胶和破裂。

（3）电流互感器、套管法兰无锈蚀。

（4）均压环无变形、松动和脱落。

（5）高压引线连接正常，设备线夹无裂纹和过热。

（6）金属安装板可靠接地，不形成闭合磁路，四周无雨水渗漏。

（7）末屏、法兰及不用的电压抽取端子可靠接地。

（8）油纸绝缘穿墙套管油位指示正常，无渗漏。

（9）套管四周应无危及其安全运行的异常情况。

7.3.2　检修关键工艺质量控制要求

（1）清扫绝缘部件上污秽，检查表面无闪络和损伤痕迹，外露金属件无锈蚀。

（2）载熔件、熔断件表面应无损伤和裂纹。

（3）熔断器触头、引线端子等接连部位无烧伤。

（4）熔断件应无击穿，三相电阻值应基本一致，载熔件与熔断件压接良好。

（5）带指示装置的熔断器指示位置应正确。

（6）各连接处应无松动，连接线无破损，接触弹簧弹性良好。

（7）带钳口的熔断器，其熔断件应紧密插入钳口内，插拔应顺畅。

（8）底座架、支撑件螺栓紧固牢靠。

（9）瓷瓶金属件与瓷件接合处密封良好、无锈蚀。

（10）跌落式熔断器熔断件轴线与铅垂线的夹角应为 $15°\sim30°$，其转动部位应灵活，并注机油润滑。

（11）喷射式熔断器载熔件内腔腐蚀状况应满足正常运行需要。

7.3.3　常见问题及整改措施

7.3.3.1　熔断器接线端子松动

【问题描述】熔断器接线端子出现松动，螺栓未紧固。

【违反条款】各连接处应无松动，连接线无破损，接触弹簧弹性良好。

【整改措施】结合检修时对松动的接线端子进行紧固处理。

7.3.3.2 熔断器壳体锈蚀

【问题描述】熔断器本体有锈蚀。

【违反条款】清扫绝缘部件上污秽，检查表面无闪络和损伤痕迹，外露金属件无锈蚀。

【整改措施】对锈蚀部位进行防腐刷漆处理。

7.3.4 典型故障案例

220kV ××变1号所用变高压熔丝爆炸引起1号主变35kV开关跳闸，如图7-17和图7-18所示。各班组对所用变进行各项试验发现均合格。处理时，拆除1号所用变高压熔丝柜上母线侧静触头至母线的连接母排，使1号所用变高压熔丝柜及所用变与35kV Ⅰ段母线隔离。1号所用变高压熔丝柜内有烧伤痕迹的绝缘隔板拆除，1号所用变高压熔丝柜柜门因变形不能加锁，在门前设备安全警示围栏。经以上检查处理后，35kV Ⅰ段母线及1号主变35kV开关恢复运行。1号所用变高压熔丝小车需更换。

图7-17 开关烧毁   图7-18 1号所用变高压熔丝柜前门及柜内

向运行人员了解后得知，该缺陷在1号电抗器开关分闸操作时发生，二次专业检修人员查看现场故障记录后发现，在1号电抗器开关分闸后，35kV母线电压有明显波动，之后1号所用变高压熔丝柜内有短路，1号主变后备保护动作，使1号主变35kV开关跳闸，35kV Ⅰ段母线失压。

1号所用变高压熔丝柜内爆炸后很难判明熔丝爆炸具体原因，推测与电抗器分闸操作后母线电压异常有关，也不排除1号所用变高压熔丝柜内本身存有绝缘不良等因素。

7.4　端子箱及检修电源箱

7.4.1　专业巡视要点

（1）端子箱及检修电源箱基础无倾斜、开裂和沉降。

（2）箱体无严重锈蚀和变形，密封良好，内部无进水、受潮和锈蚀，接线端子无松动，接线排及绝缘件无放电及烧伤痕迹，箱体与接地网连接可靠。

（3）电缆孔洞封堵到位，密封良好，通风口通风良好。

（4）驱潮加热装置运行正常，温湿度控制器设置符合相关标准、规范或厂家说明书的要求。

（5）接地铜排应与电缆沟道内等电位接地网连接可靠。

7.4.2　检修关键工艺质量控制要求

（1）箱体、箱门完好，密封良好，无进水和受潮。

（2）元器件固定可靠，无锈蚀、破损和发热。

（3）二次接线牢靠、接触良好，端子无锈蚀。

（4）照明及驱潮加热装置运行正常，温湿度控制器设置符合现场要求，冷凝型驱潮装置排水通道无堵塞。

（5）漏电保护器动作正确。

（6）电缆孔洞封堵到位，密封良好，通风口通风良好。

（7）元器件标签、电缆吊牌及二次线号码头应齐全、正确、清晰。

（8）电流端子连片应紧固。

（9）端子排正、负电源之间以及正电源与分、合闸回路之间，宜以空端子或绝缘隔板隔开。

（10）交、直流电源应可靠隔离，交、直流严禁共缆、共束。

（11）每个接线端子不得超过两根接线，不同截面芯线不得接在同一个接线端子上。

（12）二次接地线及二次电缆屏蔽层与接地铜排连接可靠，严禁使用电缆内的空线替代屏蔽层接地。

（13）二次接地铜排应与电缆沟道内等电位接地网连接可靠。

7.4.3　常见问题及整改措施

7.4.3.1　端子箱密封不良

【问题描述】电缆孔洞未封堵，箱门密封不良，如图 7 - 19 所示。

【违反条款】电缆孔洞封堵到位，密封良好，通风口通风良好。

【整改措施】用防火泥封好电缆孔洞，更换箱门密封条，如图 7 - 20 所示。

7.4.3.2　二次接线松动、脱落

【问题描述】二次接线松动、脱落，端子锈蚀，如图 7 - 21 所示。

【违反条款】二次接线牢靠、接触良好，端子无锈蚀。

【整改措施】紧固二次接线，更换端子排，如图7-22所示。

图7-19 电缆孔洞未封堵

图7-20 电缆孔洞封堵严密

图7-21 二次接线端子锈蚀

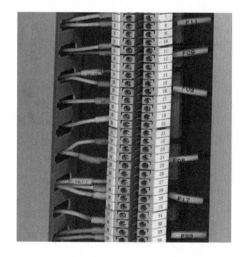

图7-22 二次接线无锈蚀

7.4.3.3 端子箱加热器损坏或不工作

【问题描述】端子箱内加热器损坏。

【违反条款】照明及驱潮加热装置运行正常，温湿度控制器设置符合现场要求，冷凝型驱潮装置排水通道无堵塞。

【整改措施】更换加热器。

7.4.4 典型故障案例

端子箱典型故障及处理方法见表7-1。

表 7－1　　　　　　　　　　　　端子箱典型故障及处理方法

变电站	严重程度	典型故障及处理方法
AB 变	严重	××线线路压变端子箱进水缺陷处理，在××线线路压变端子箱顶增加一个防雨罩，并重新对焊接薄弱的地方增打玻璃胶
CD 变	一般	(1) ××线路压变端子箱门合页断裂。 (2) ××开关端子箱后箱门合页断裂缺陷处理，更换门把手合页后恢复正常。 (3) 1 号主变 110kV 开关端子箱底部锈蚀致穿孔，1 号主变 110kV 开关端子箱底部加装挡板
DE 变	一般	(1) ××压变端子箱锈蚀，箱内有积水。 (2) ××线路压变端子箱锈蚀，箱内有积水

部分老旧变电所开关端子箱、线路压变端子箱底座锈蚀，此类缺陷呈多发态势，早期端子箱设备均未采用不锈钢材料，且线路压变端子箱底部悬空，部分内部不具备加热功能，导致锈蚀严重，建议结合大修进行端子箱更换工作。

7.5　避雷针

7.5.1　专业巡视要点

7.5.1.1　格构式避雷针巡视要点

(1) 镀锌层完好，金属部件无锈蚀。

(2) 基础无破损、酥松、裂纹、露筋和下沉。

(3) 避雷针无倾斜，塔材无弯曲、缺失和脱落，螺栓、角钉等连接部件无缺失、松动和破损，塔脚未被土埋。

(4) 铁塔上不应安装其他设备。

(5) 避雷针接地线连接正常，无锈蚀。

7.5.1.2　钢管杆避雷针巡视要点

(1) 镀锌层完好，金属部件无锈蚀。

(2) 基础无破损、酥松、裂纹、露筋和下沉。

(3) 钢管杆无倾斜和弯曲，连接部件无缺失、松动和破损，排水孔无堵塞。

(4) 钢管杆避雷针无涡激振动现象。

(5) 钢管杆上不应安装其他设备。

(6) 避雷针接地线连接正常，无锈蚀。

7.5.1.3　水泥杆避雷针巡视要点

(1) 镀锌层完好，金属部件无锈蚀。

(2) 水泥杆无倾斜、破损、裂纹和未封顶等现象。

(3) 避雷针本体无倾斜和弯曲，连接部件无缺失、松动和破损。

(4) 水泥杆上不应安装其他设备。

（5）避雷针接地线连接正常，无锈蚀。

（6）水泥杆钢圈无裂纹、脱焊和锈蚀。

7.5.1.4 构架避雷针巡视要点

（1）镀锌层完好，金属部件无锈蚀。

（2）避雷针本体无倾斜和弯曲，连接部件无缺失、松动和破损。

（3）避雷针接地线连接正常，无锈蚀。

7.5.2 检修关键工艺质量控制要求

7.5.2.1 格构式避雷针检修

（1）对锈蚀严重的部位进行更换或防腐处理，防腐应采用热喷涂锌或涂富锌涂层进行修复，修复层的厚度比镀锌层要求的最小厚度厚 $30\mu m$ 以上。

（2）对倾斜、弯曲、裂纹部分进行更换、调整或补强。

（3）补齐缺失的塔材、螺栓，更换锈蚀或变形螺栓。

（4）各连接部件应紧固，无锈蚀、裂纹和变形，焊接部位无脱焊和裂纹。

（5）修补破损的基础，并无沉降和裂纹。

（6）更换熔化、断裂的针尖。

（7）重新焊接连接不可靠的接地线并对焊接部位进行防腐处理，接地引下线导通及接地电阻合格。

7.5.2.2 钢管杆避雷针检修

（1）对锈蚀严重的部位进行更换或防腐处理，防腐应采用热喷涂锌或涂富锌涂层进行修复，修复层的厚度比镀锌层要求的最小厚度厚 $30\mu m$ 以上。

（2）补齐缺失的螺栓，更换锈蚀或变形螺栓。

（3）各连接部件应紧固，无锈蚀、裂纹和变形，焊接部位无脱焊和裂纹。

（4）修补破损的基础，并无沉降和裂纹。

（5）更换熔化、断裂的针尖。

（6）重新焊接连接不可靠的接地线并对焊接部位进行防腐处理，接地引下线导通及接地电阻合格。

（7）清理疏通存在堵塞的排水孔。

7.5.2.3 水泥杆避雷针检修

（1）对锈蚀严重的部位进行更换或防腐处理，防腐应采用热喷涂锌或涂富锌涂层进行修复，修复层的厚度比镀锌层要求的最小厚度厚 $30\mu m$ 以上。

（2）补齐缺失的螺栓，更换锈蚀或变形螺栓。

（3）各连接部件应紧固，无锈蚀、裂纹和变形，焊接部位无脱焊和裂纹。

（4）更换熔化、断裂的针尖。

（5）重新焊接连接不可靠的接地线并对焊接部位进行防腐处理，接地引下线导通及接地电阻合格。

（6）对锈蚀严重的钢圈进行防腐处理。

7.5.2.4　构架避雷针检修

（1）对避雷针锈蚀严重的部位进行更换或防腐处理，防腐应采用热喷涂锌或涂富锌涂层进行修复，修复层的厚度比镀锌层要求的最小厚度厚30μm以上。

（2）对倾斜、弯曲、裂纹部分进行更换、调整或补强。

（3）补齐缺失的螺栓，更换锈蚀或变形螺栓。

（4）各连接部件应紧固，无锈蚀、裂纹和变形，焊接部位无脱焊和裂纹。

（5）更换熔化、断裂的针尖。

（6）重新焊接连接不可靠的接地线并对焊接部位进行防腐处理，接地引下线导通及接地电阻合格。

7.5.3　常见问题及整改措施

【问题描述】钢管避雷针未设置排水孔，如图7-23所示。

【违反条款】钢管杆无倾斜和弯曲，连接部件无缺失、松动和破损，排水孔无堵塞。

【整改措施】设置排水孔，如图7-24所示。

图7-23　钢管避雷针未设置排水孔　　　　图7-24　钢管避雷针设置排水孔

7.6　接地装置

7.6.1　专业巡视要点

（1）变电站设备接地引下线连接正常，无松弛脱落、位移、断裂和严重腐蚀等情况。

（2）接地引下线普通焊接点的防腐处理完好。

（3）接地引下线无机械损伤。

（4）引向建筑物的入口处和检修临时接地点应设有"⏚"接地标识，刷白色底漆并标以黑色标识。

（5）明敷的接地引下线表面涂刷的绿色和黄色相间的条纹，应整洁，完好，无剥落和脱漆。

（6）接地引下线跨越建筑物伸缩缝、沉降缝设置的补偿器应完好。

7.6.2 检修关键工艺质量控制要求

7.6.2.1 接地线检修

（1）接地电阻应满足设计要求。

（2）变压器中性点应有两根与主地网不同干连接的接地引下线，并且每根接地引下线应符合热稳定校核的要求。重要设备及设备架构等应有两根与主地网不同干线连接的接地引下线，并且每根接地引下线均应符合热稳定校核的要求。连接引线应便于定期进行检查测试。

（3）设备接地引下线导通电阻应不大于 $200m\Omega$，且与历次数据比较无明显变化。

（4）接地引下线弯曲时，应采用机械冷弯。应采取防止发生机械损伤和化学腐蚀的措施。

（5）接地体（线）的连接应采用焊接，接地引下线与电气设备的连接可采用螺栓压接或焊接。采用铜或铜覆钢材的接地线应采用放热焊接连接。

（6）接地引下线应便于检查，接地引下线引进建筑物的入口处应设置标识。

（7）明敷的引下线表面应有 $15\sim100mm$ 的宽度相等黄绿相间色漆或色带。

（8）干式电抗器的接地线不应构成闭合环路。

（9）电气装置每个接地部分应以单独的接地线与水平接地网相连接，严禁在一个接地线中串接多个接地部分。

（10）在接地引下线跨越建筑物伸缩缝、沉降缝处时，应设置补偿器。

7.6.2.2 水平接地体检修

（1）水平接地体的截面不宜小于连接至该水平接地体的接地线截面的 75%。

（2）水平接地体间距应符合设计规定，当无设计规定时，不宜小于 5m。

（3）水平接地体埋深应满足设计规定，当无规定时，不应小于 0.8m。

（4）外缘各角水平接地体应做成圆弧形，圆弧的半径不宜小于均压带间距的 1/2。

（5）水平接地体垂直搭接时，除应在搭接部位两侧进行焊接外，还应采取补偿措施，使其搭接长度满足要求。

（6）水平接地体为铜与铜、铜覆钢与铜覆钢或铜与钢等金属的连接工艺应采用放热焊接。

（7）埋入设备基础和建筑基础内的水平接地体在基础沉降缝处应设置补偿器。

（8）水平接地体弯曲时，应采用机械冷弯。

7.6.2.3 垂直接地体检修

（1）垂直接地体宜采用热镀锌角钢、铜棒和镀铜钢材。采用镀铜钢材时应对镀层进行实测，铜层厚度不应小于 0.25mm。

（2）垂直接地体的间距不宜小于其长度的 2 倍，埋深应满足设计规定。

（3）垂直接地体表面锈蚀时，采用钢丝刷祛除锈迹后测量其外径，应满足热稳定要求。

（4）垂直接地体采用铜覆钢棒时，铜覆钢棒通过连接器连接两端螺纹拧入应到位，对接点应处于连接器中间，前端应加装钻头，敲击端加装驱动头。

（5）垂直接地体采用离子接地棒时，应采用垂直埋设或者"L"状敷设，其顶端埋设深度不高于水平接地体，钻井深度应是离子接地棒长度的1.5倍，钻井直径应是离子棒直径的3倍；回填应分层夯实；连接采用放热焊接。

（6）垂直接地体需钻深/斜井时，应采用直径不小于150mm、不大于200mm的钻头钻井。深/斜井电极应埋入低阻地层1～2m。

7.6.2.4 防雷接地装置检修

（1）防雷接地装置接地电阻应满足设计要求。

（2）避雷器应用最短的接地线与主接地网连接。

（3）避雷引下线与暗管敷设的电缆、光缆的最小平行距离为1.0m，最小垂直交叉距离应为0.3m。

（4）避雷针（带）与接地引下线之间的连接应采用焊接或放热焊接。

（5）避雷针（带）的接地引下线及接地装置使用的紧固件均应使用镀锌制品。

（6）独立避雷针及其接地装置与道路或建筑物的出入口等的距离应大于3m。当小于3m时，应采取均压措施或铺设卵石或沥青地面。

（7）独立避雷针（线）应设置独立的集中接地装置，与接地网的地中距离不应小于3m，接地电阻不应超过10Ω。

（8）建筑物上的防雷措施采用多根接地线时，应在各接地线距地面1.5～1.8m处设置断接卡，断接卡应加保护措施。

（9）避雷针（网、带）及其接地装置，应采用自下而上的施工程序。

7.6.3 常见问题及整改措施

【问题描述】接地引下线无黄绿相间的色漆或色带，如图7-25所示。

【违反条款】明敷的接地引下线表面涂刷的绿色和黄色相间的条纹，应整洁、完好，无剥落和脱漆。

【整改措施】刷黄绿色漆或贴黄绿色带，如图7-26所示。

图7-25 接地引下线无黄绿相间的色漆或色带　　图7-26 接地引下线刷黄绿色漆

参　考　文　献

［1］国网（运检/3）831—2017. 国家电网公司变电检修通用管理规定［S］. 2017.

［2］国家电网设备〔2018〕979 号. 国家电网公司十八项电网重大反事故措施［S］. 2018.

［3］国家电网企管〔2017〕1068 号. 变电站设备验收规范［S］. 2017.

［4］王树声. 变电检修［M］. 北京：中国电力出版社. 2010.

［5］雷玉贵. 变电检修［M］. 北京：中国水利水电出版社. 2006.